插图本地球生命

IN THE AIR

飞行动物演化史

The Diagram Group 著

王 华 谭品品 译

上海科学技术文献出版社
Shanghai Scientific and Technological Literature Press

图书在版编目（CIP）数据

飞行动物演化史 / 美国迪亚格雷集团著；王华，谭品品译．—上海：上海科学技术文献出版社，2022
（插图本地球生命史丛书）
ISBN 978-7-5439-8510-0

Ⅰ．①飞…　Ⅱ．①美…②王…③谭…　Ⅲ．①动物—普及读物　Ⅳ．①Q95-49

中国版本图书馆 CIP 数据核字 (2022) 第 015123 号

图字：09-2021-1012

选题策划：张　树
责任编辑：黄婉清
封面设计：留白文化

飞行动物演化史
FEIXINGGDONGWU YANHUASHI
The Diagram Group　著　王　华　谭品品　译
出版发行：上海科学技术文献出版社
地　　址：上海市长乐路 746 号
邮政编码：200040
经　　销：全国新华书店
印　　刷：商务印书馆上海印刷有限公司
开　　本：650mm×900mm　1/16
印　　张：10.25
版　　次：2022 年 4 月第 1 版　2022 年 4 月第 1 次印刷
书　　号：ISBN 978-7-5439-8510-0
定　　价：68.00 元
http://www.sstlp.com

总序

“插图本地球生命史”丛书是一套简明的、附插图的科学指南。它介绍了地球上的生命最早是如何出现的，又是怎样发展和分化成如今阵容庞大的动植物王国的。这个过程经历了千百万年，地球也拥有了为数众多的生命形式。在这段漫长而复杂的发展历史中，我们不可能覆盖所有的细节，因此，这套丛书将这些内容清晰地划分为不同的阶段和主题，让读者能够循序渐进地获得一个整体印象。

丛书囊括了所有的生命形式，从细菌、海藻到树木和哺乳动物，重点指出那些幸存下来的物种对环境的适应与其具有无限可变性的应对策略。它介绍了不同的生存环境，这些环境的变化以及居住在其中的生物群落的演化过程。丛书中的每一个章节都分别描述了根据分类法划分的这些生物族群的特性、各种地貌以及地球这颗行星的特征。

“插图本地球生命史”丛书由自然历史学科的专家所著，并且通过工笔画、图表等方式进行了详尽诠释。这套丛书将为读者今后学习自然科学提供必要的核心基础知识。

目录

本书介绍了我们所居住的这颗星球上和生活在其表面上空的动物的进化过程和多样性，既包括古代飞行动物，也包括现代飞行动物。我们共分六个章节向读者讲述：

第1章为爬行动物和飞行动物，介绍的是那些空中的动物，不管它们是被动地飘浮在空中，还是主动地在空中滑行。这一章概述了现代的爬虫和两栖动物以及几十万年前的古代爬虫。

第2章为最初的飞行家，分析早期那些自主飞行的昆虫是怎么进化的，总结了从蜻蜓到甲虫等各种现代昆虫的发展过程。

第3章为脊椎动物征服天空，详细说明的是翼龙的进化和发展过程，它是最早真正能飞行的脊椎动物。本章介绍了这种动物从出现到最后灭亡之间各个不同的种类。

第4章为鸟类接管天空，介绍了鸟类是怎样从恐龙进化而来的。这一章给大家介绍了一些人类如今已经了解的最初的鸟类，还分析了很多鸟类进化出飞行能力的方式。

第5章为会飞的哺乳动物，这一章主要讲蝙蝠。在哺乳动物中，它算是数量最大、种类最多的一种。这个种群非常吸引人，可是对人类来说，它们的行踪非常隐蔽。这一章会简要介绍它们为了更好地适应飞行而做出的大量改变。

第6章为迁徙，主要讲那些会飞的动物随着季节的变化而进行的各种旅行。本章介绍了它们迁徙的目的、它们所飞过的惊人的距离，还介绍了它们迁徙时的壮举。

第1章

爬行动物和飞行动物

大气

地球的大气从地面一直延展到700千米的高度，越往上越稀薄，最后就渐渐变为太空。不过，75%的大气都集中在距离地球表面11千米的高度以内，而空气中的生物大部分生活在距离地面几米的范围内。

太阳辐射大概有一半能接触到地球表面，这样就让地球表面维持在一个适合生存的温度。其他的辐射要不是被上层大气直接反射回太空，就是被用来加热距离地球表面320千米的暖层了。距离地面11—48千米的地方是平流层，其中包括臭氧层。那些对人体有害的紫外线在到达地表以前，臭氧层就已将绝大多数过滤掉了。从地面一直到平均11千米高的地方是对流层，云朵就是在那里形成的，天气的变化也是在那里发生的。对流层的厚度不均匀，在赤道上空的厚

航空飞机一般在平流层飞行，一些飞机在12千米的高度飞行，而超音速喷气式飞机可以飞到18千米的高度。人类如果没有保护装备，就不可能到达那么高的地方，因为大部分人只是站在世界最高的山峰上，呼吸都会有困难。大部分飞行动物生活在对流层的底部，不过还是有些鸟能飞到8千米的高度。

度是它在两极上空的两倍。在对流层里，温度会随着高度的升高而降低。在对流层最高处，可能会有高速气流形成。高速气流有480千米宽，在它的中心，风速非常快，可以达到每小时320千米。

地球表面的空气中大约有21%的氧气、76%的氮气、1%的氩气、1%的水蒸气、0.03%的二氧化碳，还有其他一些微量气体。10亿多年来，这样的空气成分都没有发生过什么变化。许多植物和动物，从出现起就一直生活在这样的空气里。在地球历史的早期，空气的组成和

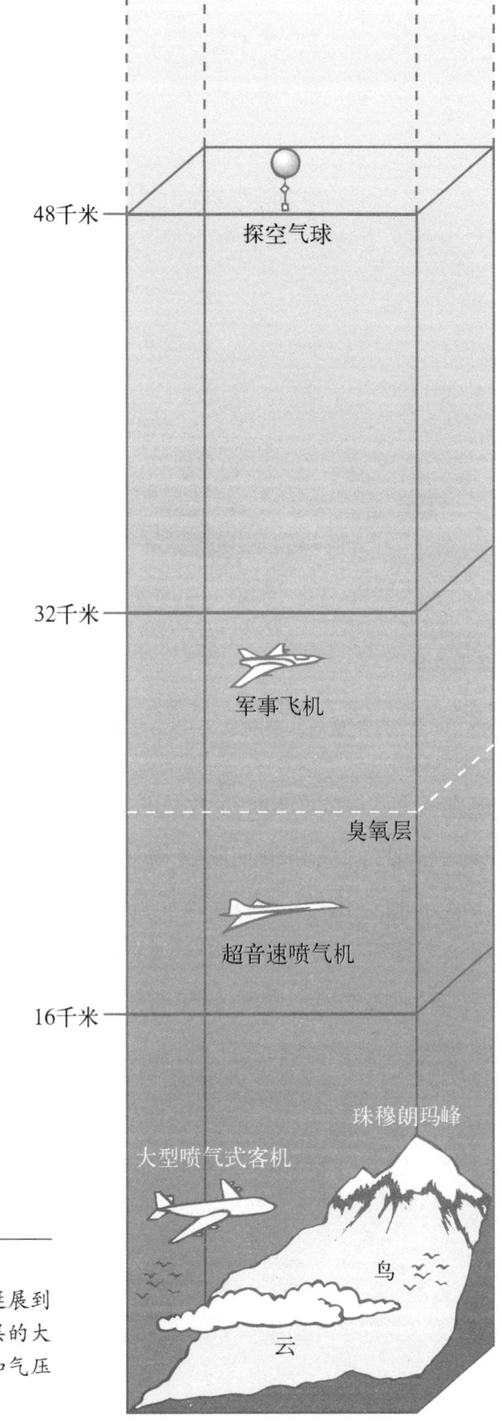

低层大气

虽然地球的大气圈从地面一直延展到很高的地方，可是只有靠近下层的大气有足够的氧气、合适的温度和气压来支持大部分的生命形式存活。

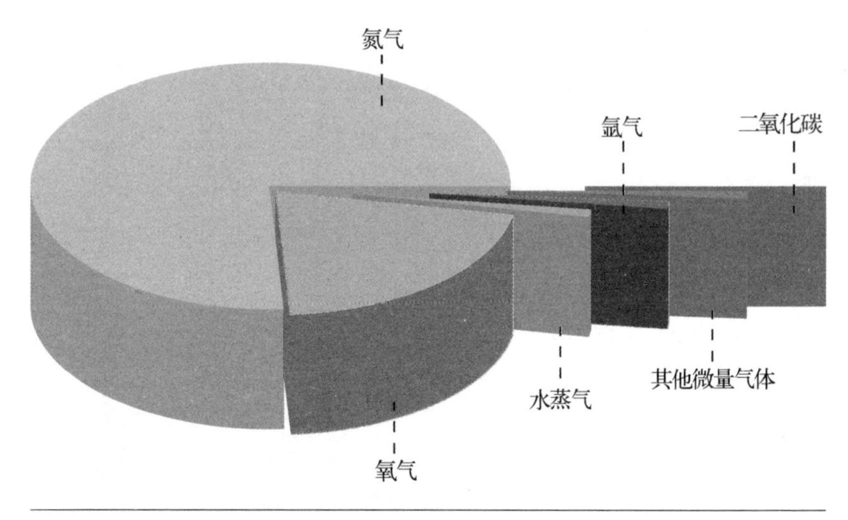

空气成分

很长一段时间以来，地球的大气都保持这样的成分构成，尽管如今的比例有一点变化。现在，大气里的二氧化碳含量正在慢慢变高，这可能和人类的活动有关。

现在大不一样。那时没有氧气，只有大量的二氧化碳、水蒸气和氮气。后来，细菌和单细胞植物开始进行光合作用，用阳光、水和二氧化碳来制造供给自身的养分，同时还生产出氧气。于是，大气就慢慢地变成我们如今赖以呼吸的这个样子了。

和水比起来，空气太稀薄了，几乎不能提供物理支撑，也不能很好地支撑动物的体重。所以，动物要有特化的宽大翅膀，才能让自己飞起来，而且得能推动自己向前飞。在整个地球的历史中，只有四类动物成功地飞了起来，它们是昆虫、鸟、蝙蝠以及翼龙——一种早已灭绝的爬行动物。然而，这四类动物的翅膀却各不相同。

空气里的浮游生物

沙漠里时常会有一些暂时的小湖泊，卤虫就生活在那里。它们产的卵非常小、非常轻，一旦湖泊干涸，风就能把它们的卵吹到别的地方去，那里就是它们的新家。空气流动较强的时候，小飞虫和蚊子也会被吹到很高、很远的地方。蚜虫飞得很慢，它们

就像海里的水流会带走浮游生物一样，空气中的气流也能让生物运动起来。在距离地表42千米的空中，还能找到细菌。有些植物的种子自带“降落伞”，或是自身非常轻，可以被风吹走；有一些动物则经常会成为“大气浮游生物”。

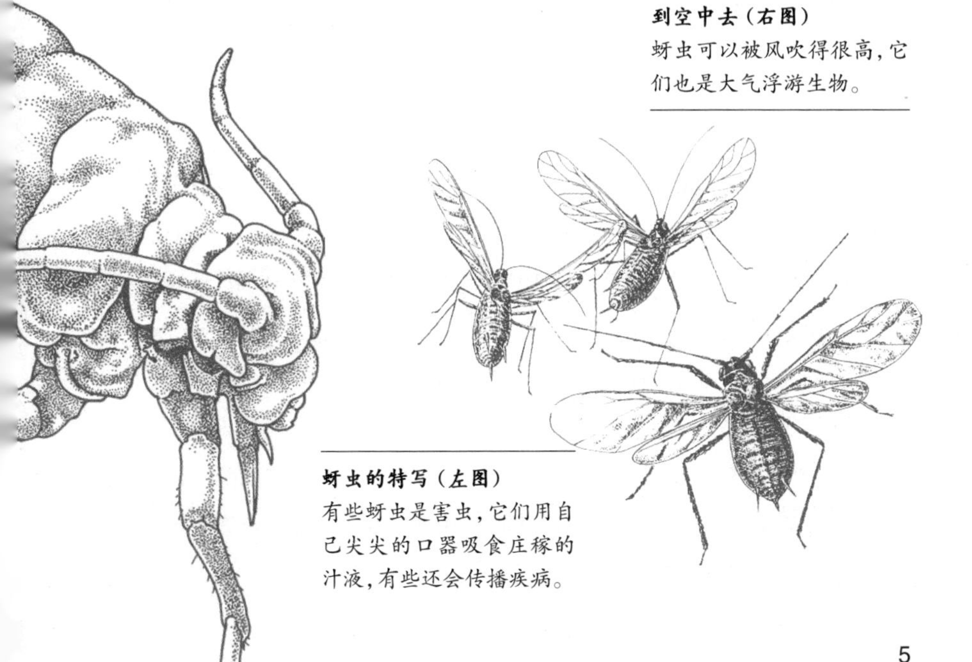

到空中去（右图）
蚜虫可以被风吹得很高，它们也是大气浮游生物。

蚜虫的特写（左图）
有些蚜虫是害虫，它们用自己尖尖的口器吸食庄稼的汁液，有些还会传播疾病。

受害者
这些小虫几乎不能控制自己要飞到什么地方去。

大风和暴雨可以把比昆虫大得多的动物带到天空中去。有时我们可以看到报道称，天上会下“青蛙雨”“鱼雨”。其实有时甚至是更大的动物，如奶牛，也可能会被吹到树上去！

也很容易被吹离自己的航线，被吹到离地面很高的地方。这些小昆虫便是飞鸟们最主要的美食。

有时候蓟马在大气浮游生物中显得很突出，可它们不是蝇类，而是缨翅目昆虫。它们虽然小，却有着尖尖的口器，可以用来吸食植物的汁液。它们中有一些是害虫，会危害庄稼生长。它们的翅膀像羽毛那样柔软，在温暖无风的日子里，它们会聚集在植物的顶端，然后尝试飞行。只要空气有一点点流动，就能让它们飘起来，飞到好几千米以外的地方。它们虽然很小，数量却很大。夏天，一个牧场上空可能就会有好几吨这样的小虫聚集在一起。

小蜘蛛用风来帮助它们到不同的地方去。它们先站在地面一个比较突出的位置，吐出一根或两根丝，然后用脚爪保持平衡，等风吹起来，就能带着它们用丝做成的降落伞出发了。有时候，蜘蛛太多了，天空中就满是它们吐出来的发亮的丝线。小蜘蛛们可能会被风带到很远的地方去，有时候去的地方甚至可能并不适合它们生活。达尔文环游世界的时候，就发现船桅上爬满了小蜘蛛，可是那时他所搭乘的船距离南美洲的海岸还有100千米！

蜘蛛和昆虫可能会被带到很高的山上去。有时候山顶的白雪中会满是小虫子，它们都是被风带来的，可又跑不掉，就成了高山上鸟儿们的美餐。

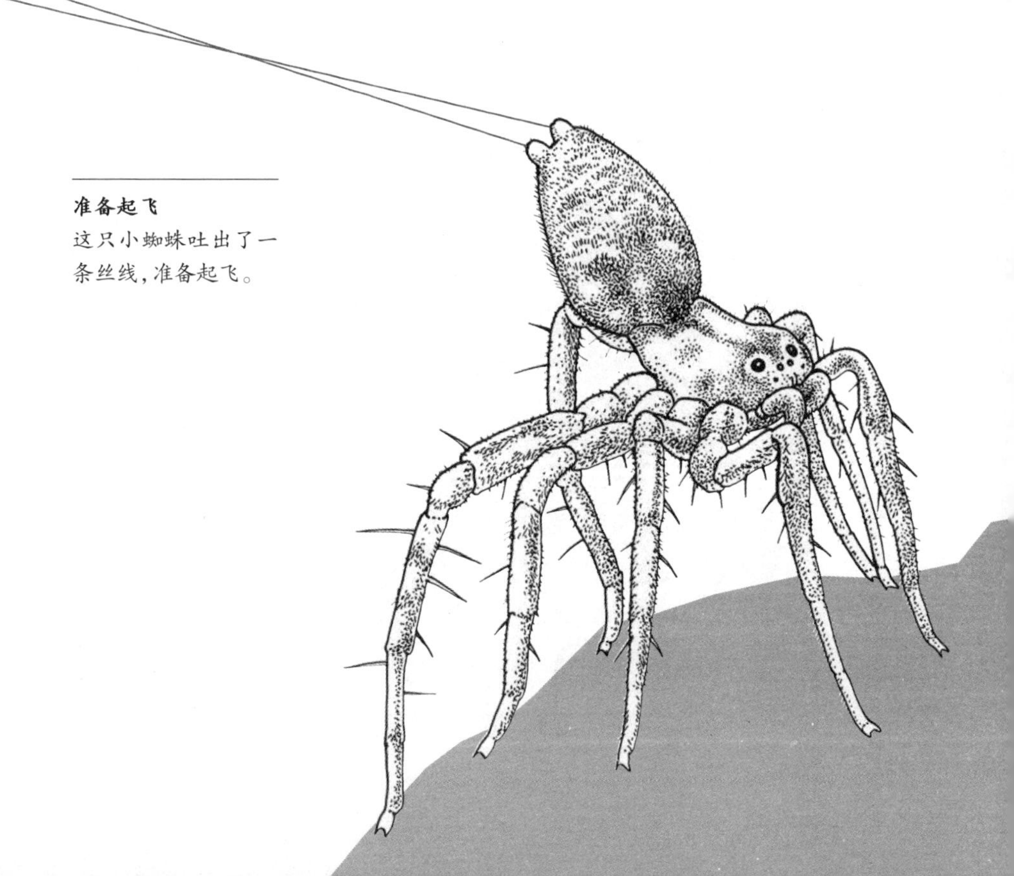

准备起飞

这只小蜘蛛吐出了一条丝线，准备起飞。

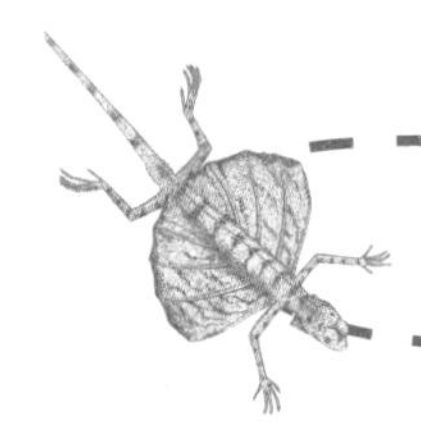

会滑行的爬行动物和两栖动物

如今地球上存活的爬行动物和两栖动物中，没有一种是真正能飞的。不过，它们中的一些从树上降落的时候，可以像跳伞一样优美，有一些在向下滑行时甚至还可以自己控制方向。

树蛙在爬树的时候经常把它们脚趾末端的吸盘张开，这样它们就可以牢牢地抓住树干。有些树蛙的脚趾之间有巨大的蹼。它们从树上跳下来或掉下来的时候，努力不让自己的身体弯曲，使劲展开自己的四肢，还要把自己四只脚上的蹼都张开。这样，它们掉落的速度就会变慢，垂直落下来的时候和地面的接触也会相对轻柔，要继续移动也会更方便。有一种树蛙叫作马来飞蛙，它的降落动作非常有名。不过，这样滑行并算不

准备起飞

这只翔龙张开了肋骨，这样就能在空中飞行了。

上是真正的飞行，而且它们不能控制降落的方向。

南亚地区有几种特别的被称为“翔龙”的蜥蜴，不过它们长得和名字不太相符，它们只有20—40厘米长，而且体形很娇小。它们确实有“翅膀”，这种“翅膀”其实是它们身体两侧的皮肤，这些皮肤可以伸展开来。翔龙的肋骨从身体的两侧伸出来，伸展得很长，那些皮肤也被这些肋骨拉得很大。这种肋骨可以打开、合拢，就像扇子一样。当翔龙在树枝上行走的时候，它的肋骨是合拢的。可是，当它要到另一棵树上去的时候，肋骨会打开，这样就可以张开“翅膀”飞过去。它能以20°的角度飞过一片空地，然后落在另一棵树的树干上。翔龙能把降落控制得很好，而且在降落时，它的头还是向上朝着树干的。像这样，一旦它降落稳当，马上就又能开始爬树。

空中转移

“会飞”的蛇不需要下到地面，就可以从一棵树上“飞”到另一棵树上去。

除了在降落的时候把身体变平直以外，有一些树蜥蜴采用了其他办法滑行。东南亚地区的“飞壁虎”（褶虎属），其身体和尾巴边缘都有鳞片，脚趾间也有蹼，而它们主要的功能是伪装。褶

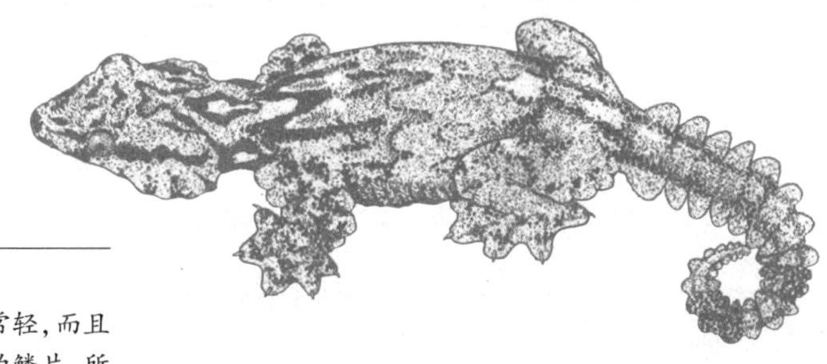

适应降落

褶虎属壁虎的身体非常轻，而且身体边缘有流苏一样的鳞片，所以它们降落起来也非常轻松。

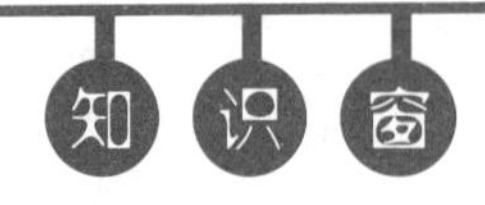

有人看见翔龙可以在两棵树之间滑行60米。

虎属壁虎的身上虽然没有可以让身体伸展开来的肌肉，可是当褶虎属壁虎飞到地面上的时候，那些蹼也可以很好地起到降落伞的作用。

最让人想象不到的会飞的爬行动物恐怕就是金花蛇了，它们和翔龙、褶虎属壁虎一样，也生活在南亚地区。它们长得又细又圆，爬树爬得非常好，可是它们有时候也会从一棵树飞到另一棵树上去。每当这时候，它们就把自己的肋骨展开，把身体伸直，同样可以降落、滑行。

早期会滑行的爬行动物

科学家从化石记录中发现，蜥蜴那样的爬行动物刚在地球上出现，它们中的一些种类好像已经能在空中滑行了。它们为了适应飞行而发生的改变，和现代的翔龙惊人的相似，尽管它们和翔龙并不是近亲。

大约2.5亿年前，在那时的马达加斯加，生活着一种叫作空尾

如今还可以见到翔龙。它的翅膀是由肋骨支撑出来的，它的身体结构非常特化，看上去好像非常古老。不过不管怎样，它绝不是最早的会滑行的爬行动物。

蜥的动物。这种爬行动物有着长长的尾巴，还有两排肋骨可以撑开翅膀上的皮肤。它们的翅膀展开时大约有33厘米长，而这种动物的整个身体也就只有40厘米长。它们很可能生活在树上，而且可以在树木间滑行。虚骨龙生活的年代和它差不多，可是翅膀的形状却有点不一样，它的翅膀由21对像肋骨一样的骨棒支撑起来。

5 000万年之后，又出现了和它们的翅膀基本结构一样的动物，那就是英国的孔耐蜥和北美洲的依卡洛蜥。它们的肋骨比较少，大概只有10对或11对。肋骨支撑着一张用来飞行的皮膜，这张膜非常坚韧。

在大约同时代的中亚地区，有两种爬行动物用与上述完全不同的方式来飞行。其中一种叫作长鳞龙，得名于靠近它脊椎的地方有一些特别长、特别平的鳞片，这些鳞片比它的身体还长。当

适应飞行

长鳞龙的脊椎两侧有又大又平的鳞片，能帮助它滑行。

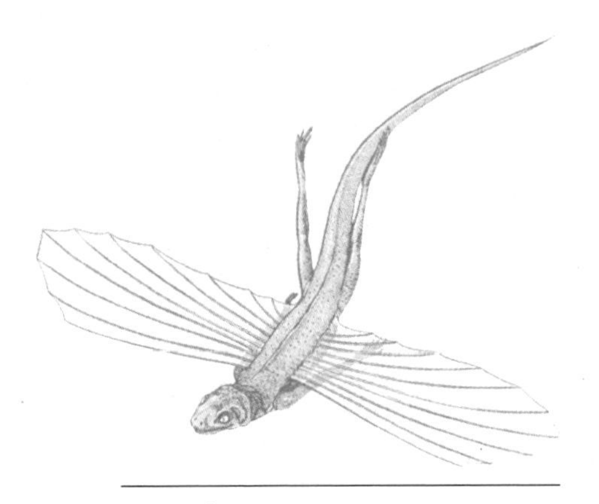

依卡洛蜥
这种动物的肋骨可以给它们的滑行构造提供支撑。

空尾蜥
这种动物的滑行构造像一个圆盘。

它休息的时候，这些鳞片就合拢于背部；一旦要飞，鳞片就向两边展开，变成翅膀。有些人不同意这种说法。他们认为，在飞行的时候，鳞片根本不起什么作用，这种构造就是用来向异性展示和调节体温的。不过，一种构造当然可以有好几种用途。例如，现在还存活的翔龙，它们肋骨间的皮肤鲜艳夺目，求偶的时候就

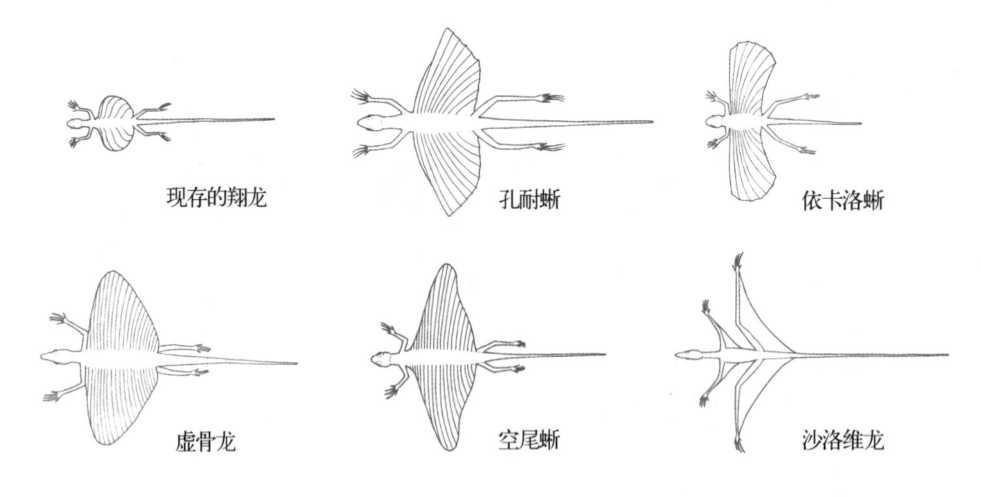

以此来讨异性的欢心。在翔龙飞行的时候，这些皮肤的作用也是很大的。

沙洛维龙有着长长的后腿和尾巴，在它后腿的末端和尾巴根部之间，有皮质的蹼。现在还不知道，它的前腿上是不是也有类似的蹼。这种25厘米长的小动物飞起来的时候，有点像一张被扔出去的纸。有些科学家说，这种长长的后腿和短短的前腿并不适应于爬树。不过，有些会爬树的哺乳动物也有这样的腿，它们常常紧紧抱着树干，而不是在树枝上跑。沙洛维龙可能也和它们一样，常常用后腿起飞，然后采用滑行的办法，在树木之间来往。

这些会飞的爬行动物的化石告诉我们，它们的共同点在于它们都是小动物，如长鳞龙只有12厘米长。一般说来，脆弱的小动物不像巨大的恐龙那样容易变成化石。那么，到底还有多少会飞的爬行动物是我们不知道的呢？

鼯鼠

所谓的“飞松鼠”生活在中美洲、北美洲和亚洲北部，不过它们在南亚和东亚地区最常见。其实它们和松鼠一点关系也没有，和老鼠反倒是近亲。鳞尾鼯鼠科一共有7个种，其中有6

大约有50种啮齿动物可以通过滑行翼在空中飞行，其中大多数都是真正的松鼠。

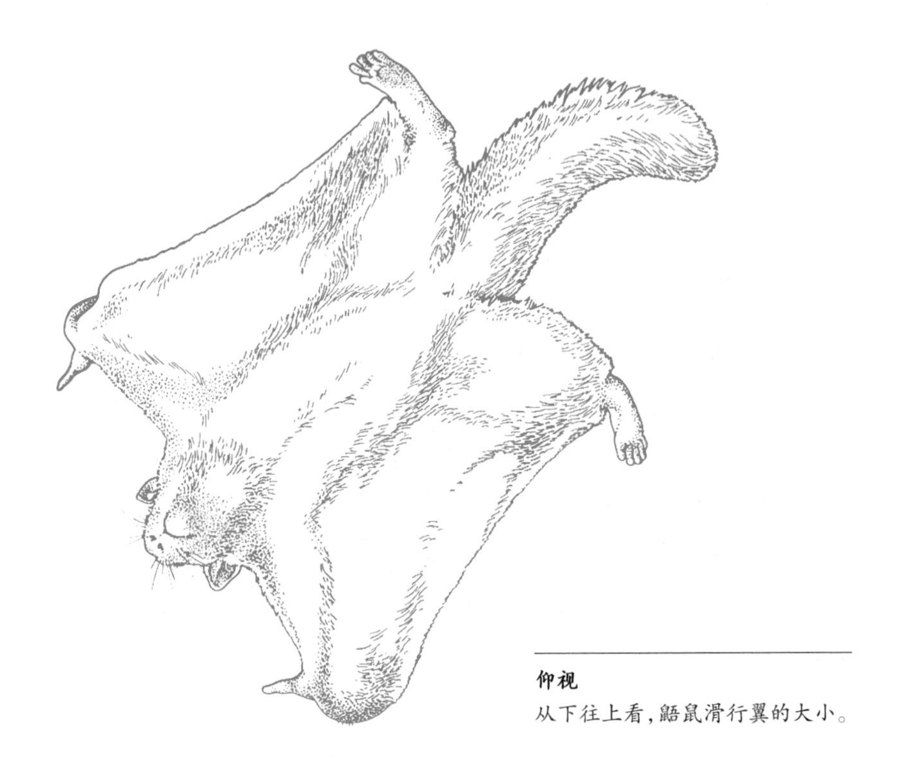

仰视

从下往上看，鼯鼠滑行翼的大小。

个种都会滑行。这些鳞尾鼯鼠生活在非洲的森林里。

鼯鼠的身体两旁有一层毛茸茸的皮肤，那是它们的副翼，连接在前面真正的翅膀上。有几种鼯鼠的副翼更加宽大，一直延伸到它们的脖子和尾巴上。对真正能飞的鼯鼠来说，它们爪子的关节上长着一块软骨，这块软骨对它们的副翼起着支撑作用。副翼要张开，也靠这块软骨来带动。对于鳞尾鼯鼠来说，同样的任务由肘关节上的一块软骨来完成。它们的副翼上长有肌肉，肌肉的收缩放松可以控制副翼的开合。

鼯鼠起飞前要先跳一下，那些体型较大的鼯鼠滑行的距离甚至长达450米。它们通过改变翅膀的位置和副翼的形状来调整方向或转弯。快到目的地的时候，它们就把尾巴垂下来当刹车并把

为什么它们都在晚上飞行呢？鼯鼠这种夜间活动的习惯是不是可以保护它们不被那些白天活动的食肉动物（比如老鹰）吃掉呢？此外，猫头鹰也是它们要躲开的对象。在美国南部，有一些小型鼯鼠落地的时候，常常要围着树绕圈，跑到树的另一边去。它们这样做，是不是为了躲避猫头鹰的突然袭击呢？

头抬起来。鼯鼠落地轻柔，如果有必要的话，它们会再次助跑、起跳，准备下一次飞行。毫无疑问，很多鼯鼠都能自行把控飞行。

所有鼯鼠都在晚上才出来活动。白天的时候，它们就在树洞或巢

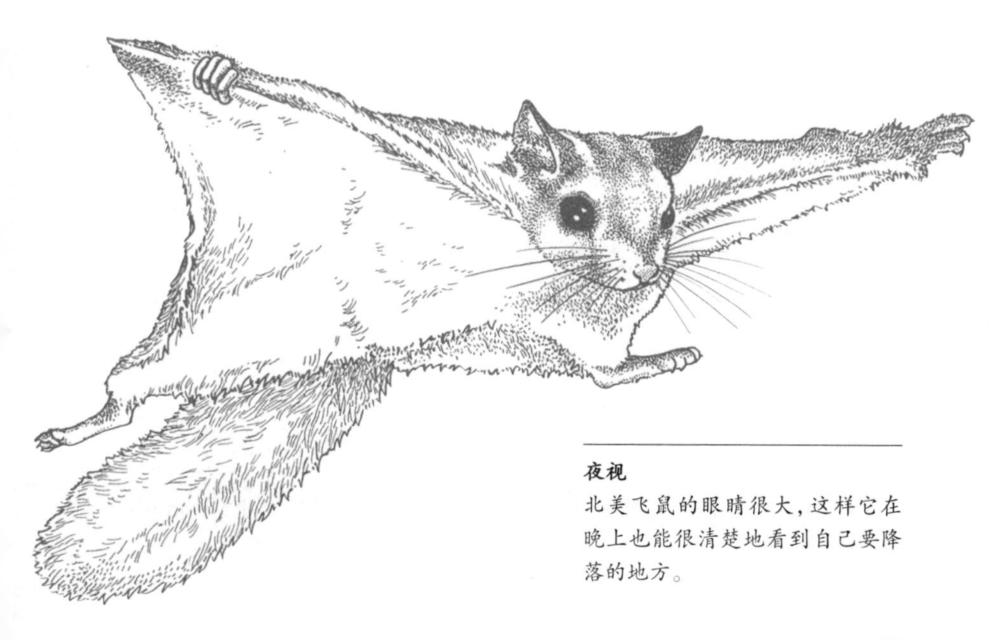

夜视

北美飞鼠的眼睛很大，这样它在晚上也能很清楚地看到自己要降落的地方。

穴里休息。它们吃坚果、种子、花蜜、叶子，有时候还吃昆虫，尤其是那些小个子的鼯鼠，它们最喜欢吃昆虫。小型鼯鼠即使加上尾巴，也只有8厘米长；而大型鼯鼠中最大的种类，加上尾巴能有61厘米长，重量也可以达到2.3千克。

大部分鼯鼠每次都不会产很多崽。小鼯鼠生长得很慢，一旦断了奶，就必须要学会如何飞。大多数鼯鼠都生活在温暖的丛林里，但是也有鼯鼠生活在凉爽的亚洲针叶林里，甚至还有生活在喜马拉雅地区针叶林里的，白天就躲在高高的悬崖上的山洞里睡觉。

有袋滑行动物和猫猴

除了鼯鼠和鳞尾鼯鼠，还有两种哺乳动物也能滑行。一种是生活在东南亚地区的猫猴；还有是生活在澳大利亚的一种负鼠，为了飞行，它也进化出了一张滑行翼。

猫猴是一种大小和猫差不多的哺乳动物。人们已经找到了5 000万年前的猫猴化石。现代分子学研究的证据表明，这种动物和狐猴、猴子是远亲，可是在哺乳动物的谱系中，我们却很难给它们找到一个恰当的位置。猫猴的滑行翼在哺乳动物中是最宽大的：从脖子开始一直到尾巴，还沿着四肢一直延伸到手指和脚趾的最末端。它们在树间的滑行距离可以超过130

会滑行的有袋负鼠
它生活在澳大利亚的森林里，善于爬树。这种有袋动物经过进化，也能在空中滑行。

米。猫猴总是在白天睡觉，到了晚上，它们就从树上起飞，去找吃的。

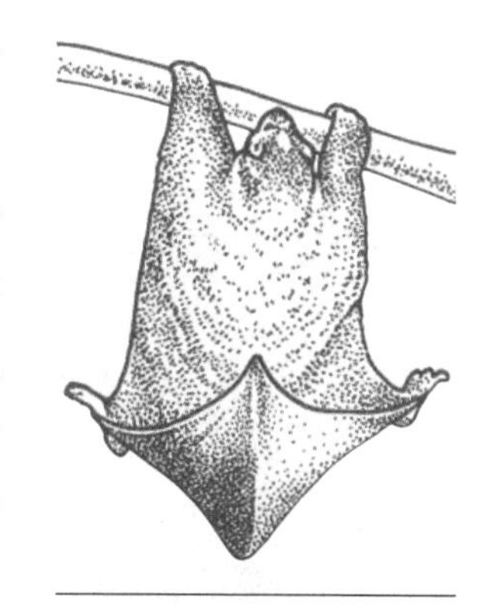

我在练悬垂
一只猫猴挂在树枝上，向我们展示它那一直连到尾巴上的、大大的滑行翼。

猫猴的食物主要是树叶，它们有着特别发达的胃和长长的肠子，用来消化这样的食物。它们经常倒挂在树枝上，爬树也爬得很好。猫猴妈妈一次只生一只小猫猴，小猫猴长得很慢，妈妈的滑行翼就是它温暖的摇篮。

总的来说，澳大利亚是一块干燥的大陆，但那里却有一大片原始森林，森林里有世界上最高的树。这片地区进化出了许多善于爬树的动物，不过有三种有袋动物的进化更进一步，它们的科属中进化出了会飞的成员。

会滑行的有袋负鼠也是一种身上长着口袋的动物，有些地方和猫猴很像。它也吃树叶，然后让食物在肚子里发酵，从中汲取营养。

和其他会滑行的哺乳动物一样，澳大利亚的有袋负鼠也是晚上才出来活动的。

它的滑行翼从肘关节一直延伸到踝关节，可是滑行起来却很笨拙。它的尾巴有点长，身体加上尾巴有48厘米长。独生的小负鼠要在妈妈的育幼袋里待上6个月，即使从育幼袋里出来以后，还要骑在妈妈

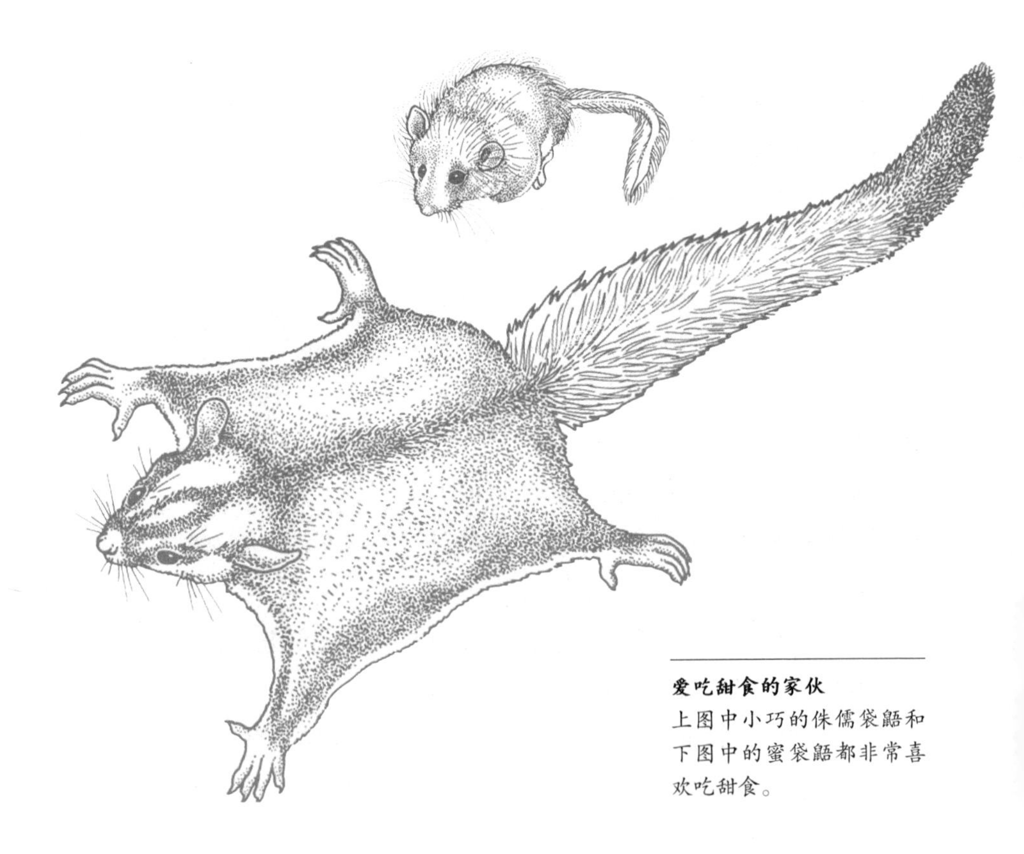

爱吃甜食的家伙

上图中小巧的侏儒袋鼯和下图中的蜜袋鼯都非常喜欢吃甜食。

的背上一段时间。

还有一些会滑行的动物靠食用树汁和树胶里的糖来生存，如蜜袋鼯。蜜袋鼯是中等大小的滑行动物，最小的有袋滑行动物则是侏儒袋鼯。侏儒袋鼯的身体部分只有8厘米长，而它们的尾巴也有8厘米长，体重几乎不到28克。它可以滑行20米，是吃花蜜的专家，它的舌尖长得像一把小刷子，舔起花蜜来很方便。另外，它还吃花粉和昆虫。

第2章 最初的飞行家

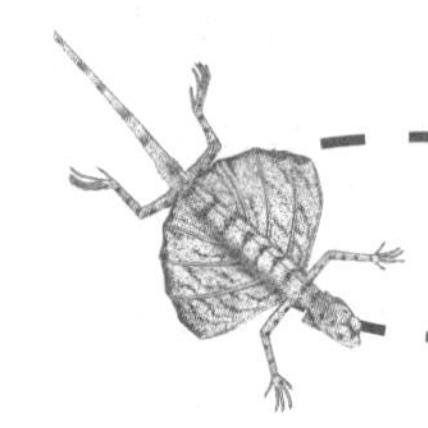

最先学会飞的昆虫

在化石记录中，有翅膀的昆虫出现得很突然。令人惊奇的是，它们有些拥有已知最大的昆虫翅膀，比现在任何一种昆虫的翅膀都大。

在距今3亿年前的石炭纪晚期，原始的蜻蜓就已经出现了。它有着70厘米长的翅膀和与之相配的苗条身材，拍着翅膀，在沼泽上空翩翩飞过。

大约4.5亿年前，陆地上就有了类似倍足纲动物的生物。再晚一点，一种处于倍足纲动物和昆虫之间的动物出现了。有些科学家认为，它们可能是昆虫的祖先。它们的身体和昆虫一样可以分成头部、

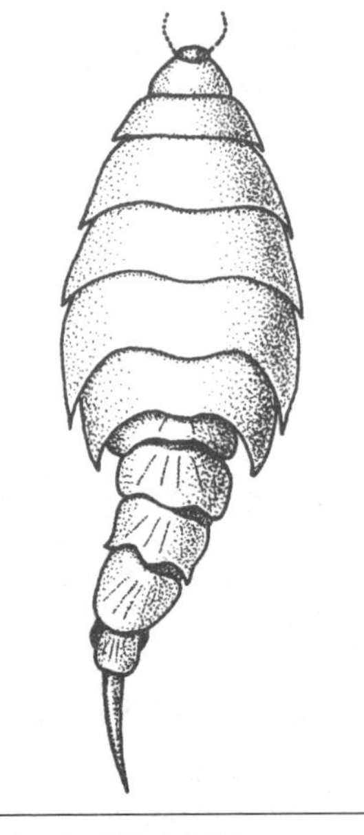

倍足纲动物（左图）
像这样的动物可能就是昆虫的祖先。

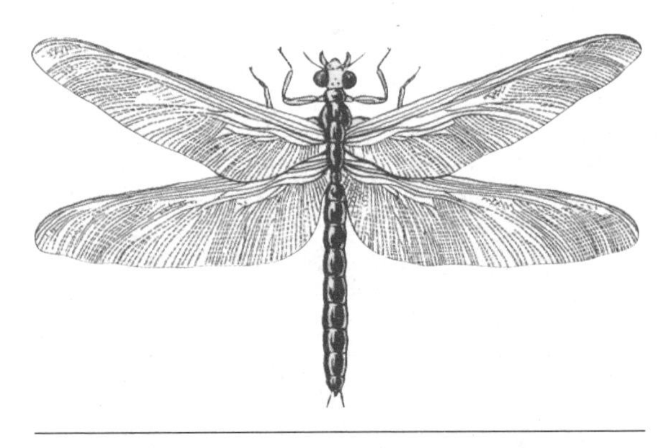

大尾蜻蜓（右图）
这种巨大的蜻蜓生活在石炭纪，它是现在已知最大的昆虫之一。

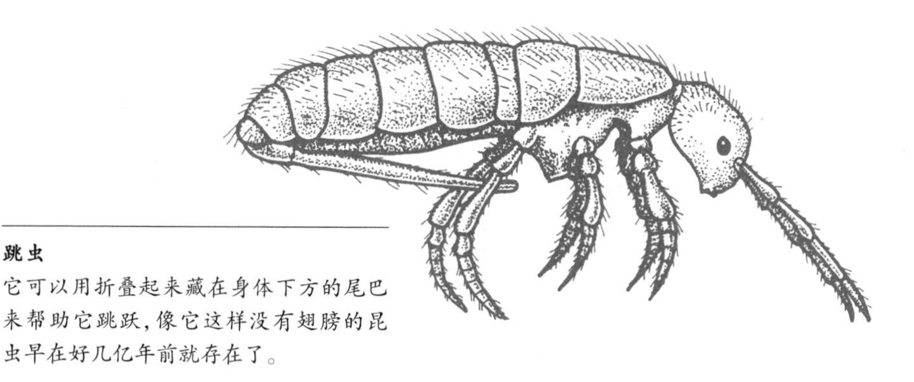

跳虫

它可以用折叠起来藏在身体下方的尾巴来帮助它跳跃，像它这样没有翅膀的昆虫早在好几亿年前就存在了。

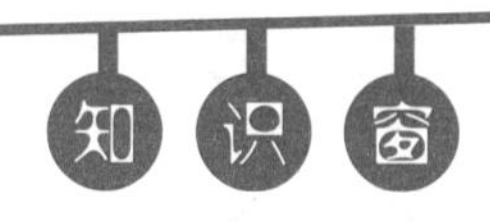

对于蜻蜓和其他一些原始昆虫来说，它们四只翅膀中的每一只都有一组独立的肌肉，而它们的每对翅膀扇动时可能也不是同步的。它们的身体两侧有活动中枢，翅膀就长在上面，可以直接通过肌肉拉动它们的翅膀。一块肌肉把翅膀拉起来，另一块肌肉就把翅膀放下去。进化更完善的昆虫可能会采用另一种方法来给翅膀提供动力，不过蜻蜓这种落后的飞行构造足以让它们盘旋并快速飞行，甚至还能帮它们捉到更强壮的昆虫以作美餐。

胸部、腹部三节，可是它们的腿有11对，昆虫只有3对。

又过了几百万年，像跳虫那样的原始昆虫出现了。不过，和现在的跳虫一样，它们是没有翅膀的。尽管如此，在某些地方，昆虫的翅膀已经开始慢慢成形。

昆虫的祖先，像甲壳动物一样，每条腿可能有两个部分：下面那一部分是用来走路的腿，上面那一部分原来很可能是鳃，后来变成

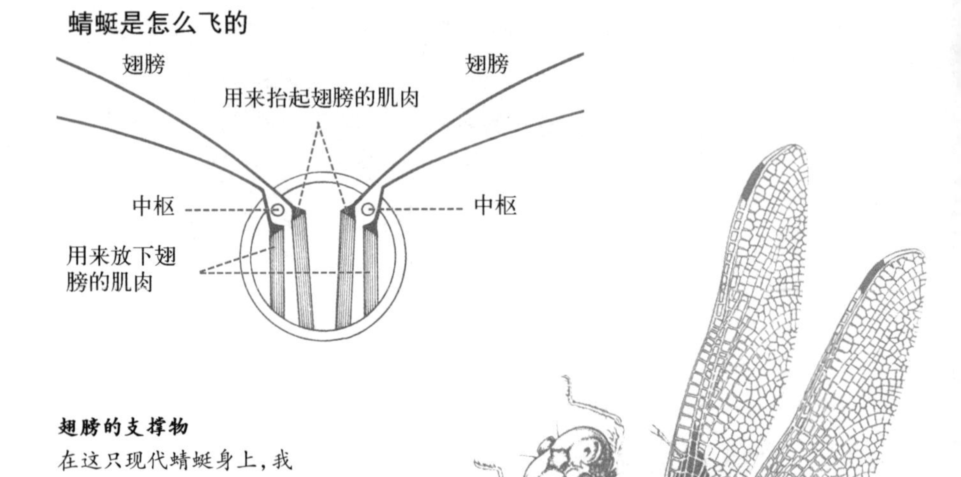

翅膀的支撑物

在这只现代蜻蜓身上，我们可以很清楚地看到翅脉组成的复杂网络。

了一种静止的、像帆一样的东西。也许这些“帆”可以帮助昆虫轻轻掠过水面，甚至有时候还能帮助它们滑行一小段距离。当肌肉和关节进化到一定程度的时候，它就可能长出翅膀来。

所有昆虫的翅膀基本上都是由上下两层非常薄的皮肤构成的，这两层皮肤从身体两边长出来，由一些管子组成的一个网络支撑着。这些管子叫作翅脉，其中有血液，可以给昆虫们提供力量。那些最早的昆虫，比如蜻蜓，它们的翅膀都只能很僵硬地从身体两侧伸出来。到了石炭纪的末期，才出现了那种可以把翅膀合拢于背上的蝗螂，这是现代昆虫的典型特征。这样它们就可以挤进那些狭窄的空隙或是栖息地。如果它们长着无法收拢的翅膀，那么这些地方肯定是进不去的。

进一步进化的昆虫还削减了由翅脉构成的“网”，这样它们就可以以最少的能量消耗，得到更强有力的支撑。

昆虫的翅膀

昆虫和其他会飞的动物不一样的地方在于昆虫的翅膀上没有肌肉。实际上，大部分“高级”昆虫，它们用来控制飞行的肌肉甚至不是直接连在翅膀上的。它们的翅膀根部可在胸腔顶部和侧壁之间转动。肌肉从胸部的底部一直延伸到顶部，当肌肉收缩的时候，翅膀就抬起来了。其他的肌肉沿着胸部垂直向下延伸，当翅膀抬起来的时候，它们被拉长了，但是当垂直的肌肉放松的时候，它们就缩短了。昆虫胸部的顶端向上拱起的时候，翅膀就向下拍。

像大多数翅膀（不论是飞机机翼还是鸟的翅膀）一样，昆虫翅膀的基本构造也像一个机翼。昆虫翅膀的这种形状可以让从它上表面经过的空气速度和距离比从它下表面经过的要大。这种构造可以减少翅膀上方的压力，这样就能实现“上升”的目的，而“上升”在飞行中是最基本的。昆虫翅膀比飞机机翼要平整得多，可是它一旦飞起来，翅膀就会变弯，变成机翼那样利于飞行的形状。

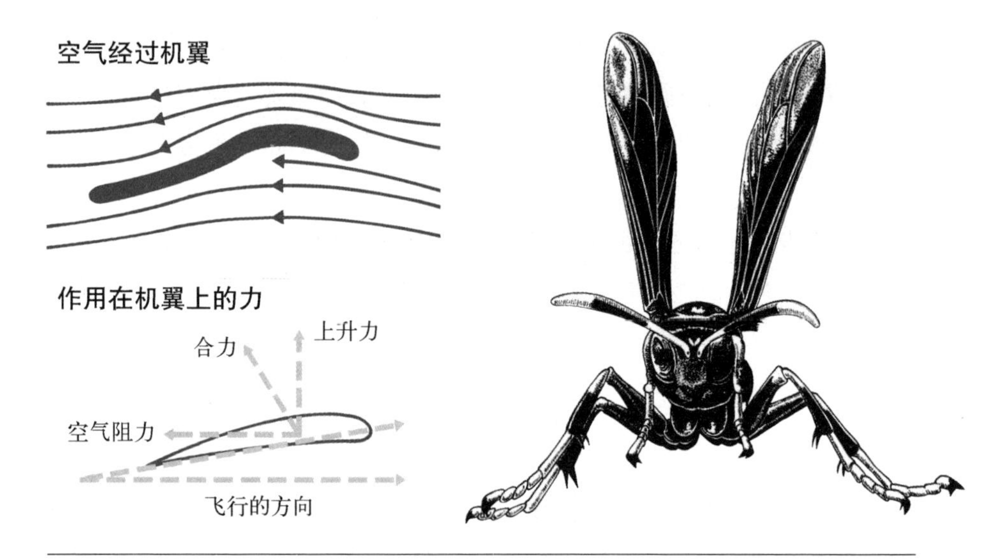

昆虫是怎么飞的

翅膀向上抬起的时候，胸部的顶端被垂直的肌肉往下拉，纵向的肌肉是放松的。翅膀放下来的时候，垂直的肌肉放松了，纵向的肌肉开始收紧。

尽管控制飞行的肌肉并不直接连在翅膀上，但是很多昆虫都有一些可以调整翅膀展开角度的小肌肉。

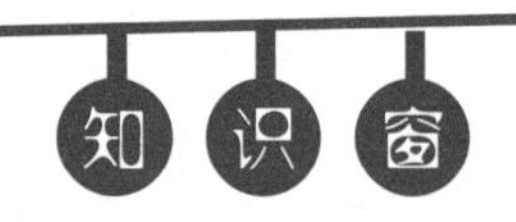

我们的肌肉每次收缩的时候都需要神经给它传递一个信号（蝗虫也是如此）。可是对很多昆虫来说，一个单独的神经刺激就能让它们用以飞行的肌肉有节奏地收缩和放松。要保持飞行，只需要断断续续的信号就可以了。例如，一只苍蝇每秒钟可以扇动翅膀120次，可是每秒钟只需要3次信号就能让这个动作发生。

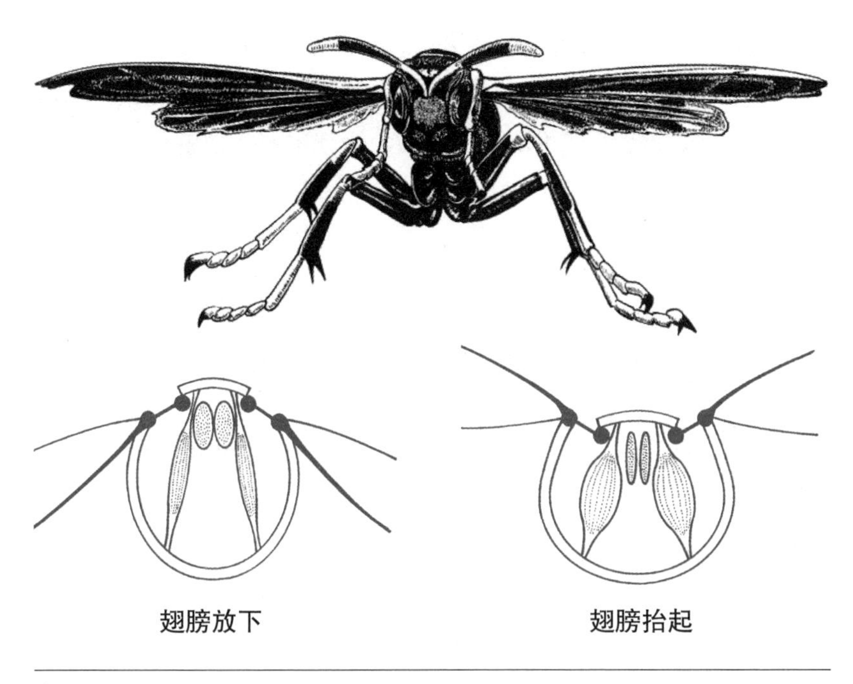

横截面
昆虫的胸部在翅膀放下时和翅膀抬起时的样子。

很多昆虫都靠翅膀末端储存能量的构造来协助它们飞行。昆虫每次扇动翅膀，这个构造都可以给它们提供一个有弹性的后坐力，为下一次扇动翅膀提供动力。胸部的某些部分是由一种弹性蛋白构成的，这种蛋白质有橡胶那样的特性，有了它，翅膀就可以弹回来。有些昆虫，比如苍蝇，它们的翅膀每次在扇到一半时的位置是不固定的，而每次扇动的终止位置是固定的，所以它们的翅膀在每一次扇动快要结束的时候，好像总是“咔嗒”一声就扇到那个位置上去了。有了这些特殊构造，昆虫扇动翅膀就能更省力。

关于昆虫的飞行，还有很多奥秘等着我们去发现。它们的翅膀在盘旋、直飞的时候做出的多种复杂运动甚至很难用空气动力学中的术语来解释。

另外，对小型昆虫来说，虽然它们那些对飞行很重要的动力构造与人类的大型机器（如飞机）不一样，但成千上万种已知的昆虫已经很好地向我们展示了它们的飞行能力，这就很有效地解释了它们的飞行是多么的成功。

飞行“发烧”友

> 人们常常以为昆虫是冷血动物，即其体温由其所处环境决定。这种说法一般没错，但当它们要飞行的时候，有些昆虫的体温就会变得惊人的高，不过它们仍可以把体温控制在某个范围内。

控制飞行的肌肉在昆虫的体重中，占了至少1/3的重量，肌肉纤维的含量也相应较高。肌肉细胞里有较大的线粒体，线粒体是细胞的“发电站”，它是给细胞呼吸提供氧气的细胞器。有些昆虫控制飞行的肌肉消耗起氧气来比其他任何组织都要快。天蛾在飞行的时候消耗氧气的速度比它休息时快100倍。会飞的昆虫中最强壮的那些，比如天蛾、大黄蜂，它们在辛勤工作的时候体温高达40℃，便也没什么好奇怪的了。

实际上，很多昆虫在起飞前都要先让用以飞行的肌肉热起来，达到飞行所需的温度，最常用的升温办法是晒太阳或者是让这些肌肉振动起来。大黄蜂、蛾子和其他昆虫的胸部长着鳞毛，这些鳞毛就像大衣一样保暖。长途飞行的时候，昆虫可能会需要把它们

飞毛腿（左图）

马蝇是飞得最快的昆虫之一。

适应寒冷的天气（右图）

大黄蜂飞行的时候体温很高，在寒冷的天气里，这就比其他昆虫有优势。

有些蝴蝶飞行的时候每秒只扇动几次翅膀，天蛾每秒可以扇动90次，大黄蜂每秒扇动130次，蜜蜂每秒扇动225次，而有些蚊子竟然可以每秒扇动1 000次！飞行速度一般很难测定，一些昆虫的速度可达每小时68千米，蜜蜂每小时肯定能飞25千米，天蛾和马蝇每小时能飞40千米。

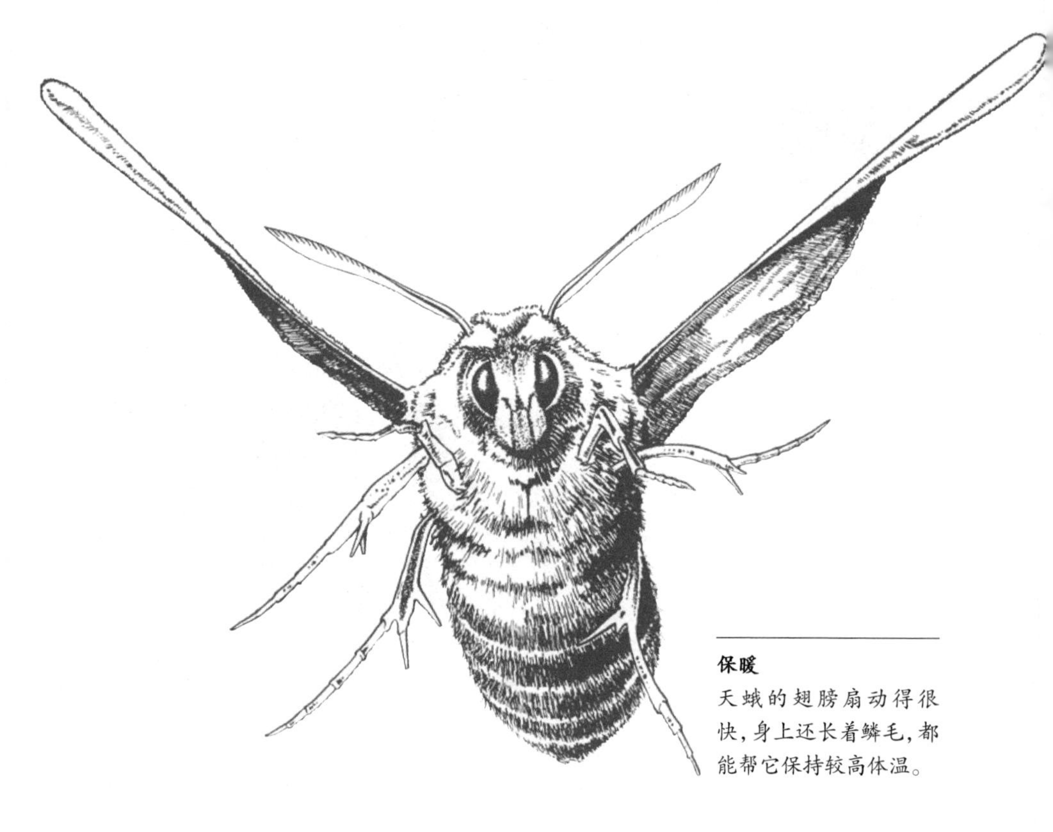

保暖
天蛾的翅膀扇动得很快，身上还长着鳞毛，都能帮它保持较高体温。

的血液集中到腹部来散热。

胸部那些飞行肌肉被泡在血液里，以保证快速供给能量。有些昆虫的血液里充满了糖分，糖分可以立刻提供能量，不过这种能量消耗起来也特别快。一只蜜蜂大约在几分钟内就能耗尽身体里的能量，所以它必须不停地从花朵中吸食花蜜来补充能量。有些飞虫储存脂肪供给能量，脂肪总要先转化成糖分才能使用，用这种办法供能更为密集有力。蝗虫这种需要迁徙的昆虫就是采用这种办法来储存能量的。在长途飞行的时候，蝗虫每小时消耗的能量只占它体重的1%。

巨大的翅膀

蝴蝶和飞蛾的翅膀是昆虫中最大的。

一般来说，飞蛾和蝴蝶扇动翅膀的速度比其他昆虫要慢。它们中有飞得摇摇晃晃的种类，也有飞得很好的种类，尤其是那些后翅又宽又大的大型种类。这些鳞翅目昆虫的前翅和后翅连在一起，作为一个整体运作：蝴蝶以后翅前方一个凸起的圆片和叠在一起的前翅相连；飞蛾则以后翅上一些特殊的刚毛来钩住前翅。

有些蝴蝶能飞得很远，虽然它们看上去像是飞飞停停的，但是当它们需要进食的时候，总能又轻又准地停在花朵上。飞行的时候航

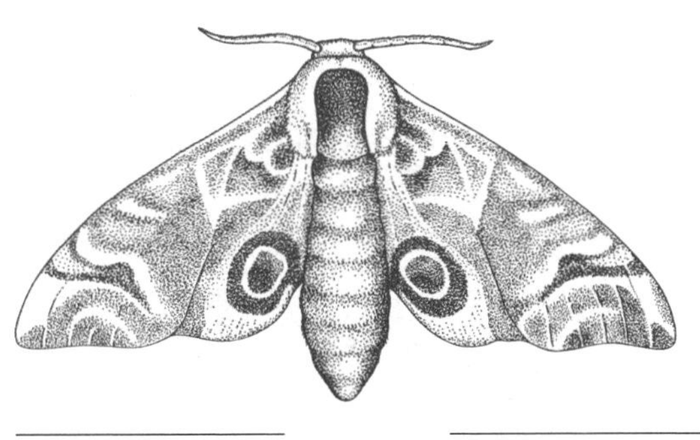

有眼睛的天蛾（左图）
天蛾翅膀上的“眼睛”是一种保护机制。

小心有毒！（右图）
海里克尼德蝴蝶的翅膀上有着非常鲜明的警告性的红色、黄色和黑色图案。

有些蝴蝶和飞蛾的翅膀上有着抢眼的图案，这些图案常常是眼睛的形状。当它们受惊吓的时候，就会扇动翅膀，“眼睛”看起来一闪一闪的，这样可以吓跑像鸟类那样的食肉动物。

线掌握得最准确的就是飞蛾了：飞蛾可以一边飞，一边把它长长的口器伸到花心里去吸花蜜。当它们要盘旋的时候，翅膀就前后水平扇动；当它们要往上飞的时候，翅膀就开始上下扇动。

飞蛾和蝴蝶翅膀的一个重要特征就是其颜色，它们的翅膀上有很多非常小的鳞片，颜色就是从鳞片上来的，比如硫黄色蝴蝶的翅膀上就有红色和黄色的色素。还有另外一种情况：颜色是由鳞片上那些非常细小的微观结构层反光造成的，生长在热带的大闪蝶身上那种亮闪闪的蓝色和绿色就是这么来的。

很多温带蝴蝶翅膀朝上的那一面颜色暗淡，朝下那一面却颜色鲜亮。因为蝴蝶要飞的时候，得把翅膀朝上的那一面伸展在太阳下，这样才可以得到适合飞行的温度。当它们休息的时候，就把翅膀向

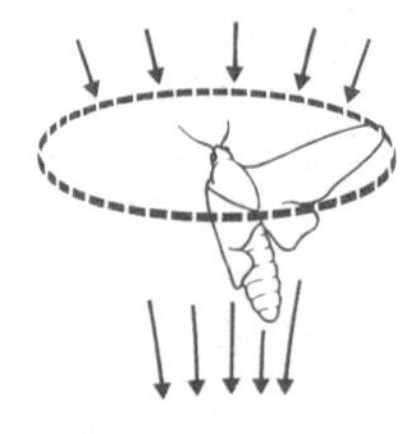

盘旋
飞蛾飞行时翅膀的扇动情况。

飞行
不论是向上扇还是向下扇，飞蛾的翅膀都能让它上升。

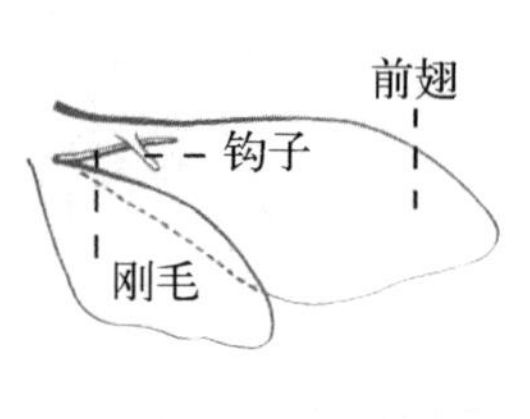

连起来的翅膀
一根刚毛卡在了前面的钩子上。

上合拢，这样容易反光的一面就露了出来。大多数蝴蝶休息的时候都是这种姿势。

颜色还有很多其他用途，比如颜色可以帮助蝴蝶辨识它们的同类。有些蝴蝶在人眼看来没有颜色，可是在蝴蝶自己看来，那都是有颜色的。就拿白蝴蝶为例，它们在光谱的紫外光部分有很明显的图案，而人眼是看不到的，可是昆虫却能看见。有些昆虫的雄性和雌性是不一样的颜色，这样它们配起对来就很方便，比如蓝蝴蝶，其雄性为亮蓝色，雌性的颜色就带一点棕。

颜色还常常可以给飞蛾和休息的蝴蝶提供完美的伪装，它们的颜色和图案总是和它们休息的环境相近。有些昆虫身上的图案还可以提醒捕猎者自己是有毒的，或者让捕猎者认为自己的味道实在不好。

皇蛾
它是世界上最大的昆虫之一，翼展可达30厘米。

双翅目昆虫

双翅目昆虫（苍蝇、蚊子之类的昆虫）的后翅被简化成了一对肉茎，上面有两个按钮形的凸起，也就是我们说的平衡棒，它们可以帮助双翅目昆虫飞得更平稳。它们飞行的时候，平衡棒会上下摆动，摆动的频率和那对真正的翅膀是一样的。可是那个按钮形的末端

昆虫一般都有两对膜翅，可是苍蝇只有一对翅膀，这一特点可以从它的分类中看出，它属于双翅目，就是有两只翅膀的意思。苍蝇这对翅膀的作用相当于其他昆虫的前一对翅，但双翅目那对退化的后翅也保留了下来，而且它们在飞行中也起着很重要的作用。

很重，当双翅目昆虫改变方向的时候，平衡棒还会指着原来的方向，要过一小会儿才能转过来。这样一来，平衡棒根部的表皮就会被拉紧，它们的感觉细胞侦察到这种情况，就会向中枢神经系统传递信息以做出必要的调整来保持身体的平衡。平衡棒的作用就像飞机的回转仪一样。

在大型的双翅目昆虫身上，平衡棒很容易被看见。有一种腿很长的蚊子叫作大蚊，它的平衡棒就

起飞

在这一序列里，食蚜蝇的翅膀每秒钟要扇动100次以上。

苍蝇和蜜蜂都是扇起翅膀来速度很快的昆虫，不过蜜蜂有四只翅膀。有一些双翅目昆虫，比如食蚜蝇，是非常出色的蜜蜂模仿者，它们看上去和蜜蜂非常像。不过，要是靠近了细看，就会发现它们只有一对翅膀。

容易得见，可小型两翼昆虫的平衡棒就很难看得见。不过，即使最小的蚊子身上也有平衡棒。有了平衡棒和翅膀（昆虫身上有一种构造能让它们更有效地协作），再加上它们快速收放的肌肉，双翅目昆

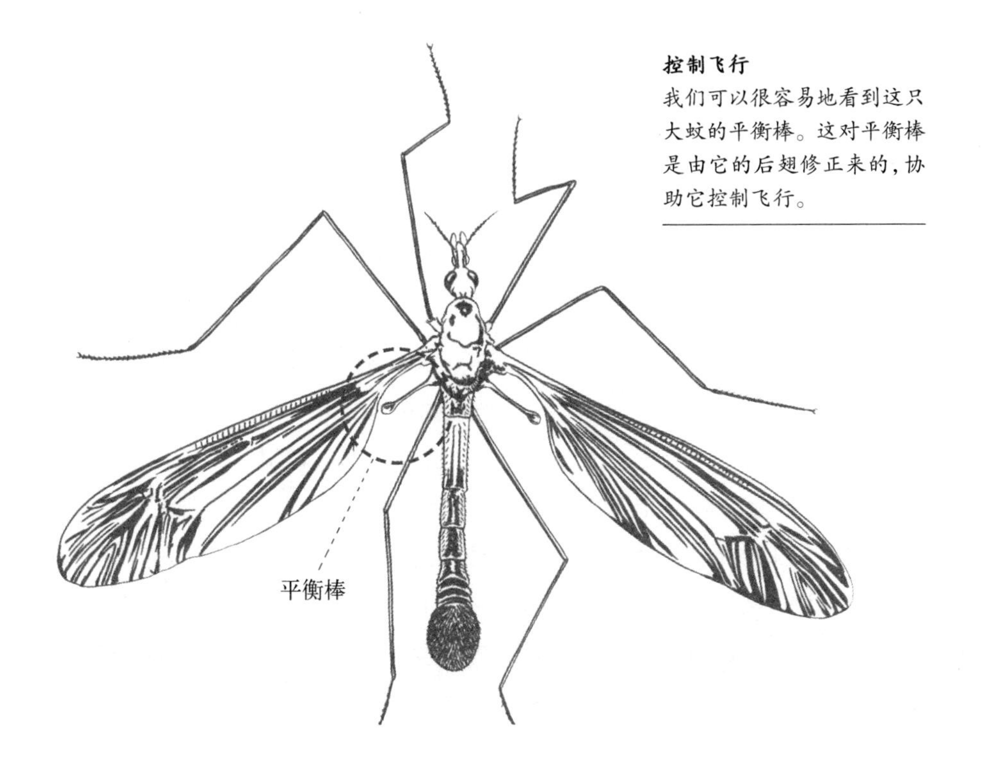

控制飞行
我们可以很容易地看到这只大蚊的平衡棒。这对平衡棒是由它的后翅修正来的，协助它控制飞行。

虫可以称得上精于飞行之道的昆虫了。它们能在空中翻跟斗、侧滑、闪避，而且它们大都飞得很快。当它们想要在天花板上停留的时候，还可以很快地把身体上下颠倒过来。

那些没有平衡棒的昆虫要怎么控制它们的飞行姿势呢？它们的办法没那么精密复杂，可也挺管用：它们有一个构造可以保证让眼睛上部一直对着光线，苍蝇也用这个办法保持它的头部一直向上。如果身体和头不在一条直线上，脖子上的传感器就会发出信号，翅膀就会进行调整，让它回复平衡状态。

藏起来的翅膀

像双翅目昆虫一样，甲虫只用一对翅膀来提供它们飞行时的动力。

对甲虫来说，后翅仍作为飞行用的膜翅，前翅的功能却发生了一些改变。甲虫的前翅进化成又坚硬又结实的硬壳，也就是翅鞘，相当于在甲虫的身体外部披上了一层盔甲。

拥有飞行功能的翅膀有很多褶皱，可以折叠，一般紧贴着身体在鞘翅下折叠起来。绝大部分种类的甲虫都能飞行，而且有些甲虫还飞得相当好。因为我们见到它们的时候，它们往往在爬行或者挖洞，所以我们常常忘了这一点。当一只甲虫准备起飞的时候，会把它的鞘翅抬起来，向身体两侧打开，然后那对真正的飞行翅在下

飞行的动力

下图中的甲虫中，即使是鞘翅很短的隐翅虫，后翅也发育得很好。

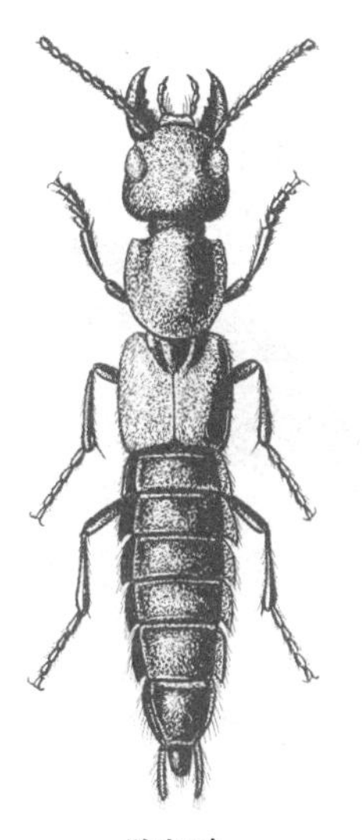

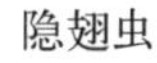

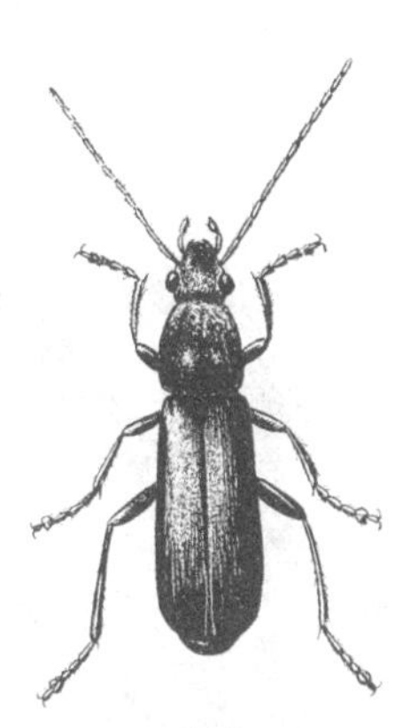

花萤

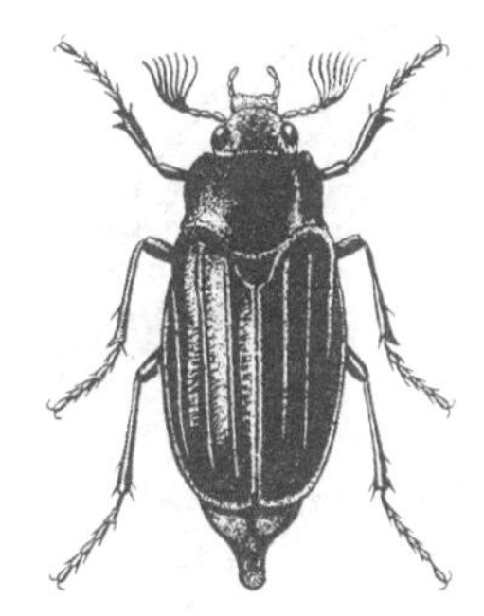

金龟子

萤火虫是一种与众不同的甲虫。雄性萤火虫和一般甲虫一样，既有膜翅，又有鞘翅。它们晚上飞出来寻找异性。雌性萤火虫则完全在地表活动，既没有膜翅，也没有鞘翅。雌性萤火虫长得像蛴螬，在腹部的末端有一个器官可以发光，这样飞行中的雄性萤火虫就能够在草丛中找到它了。

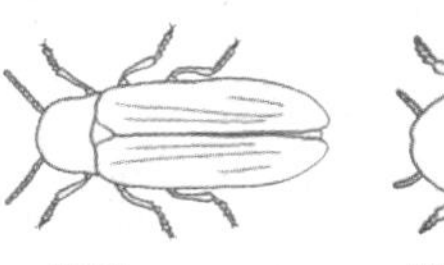

雄性

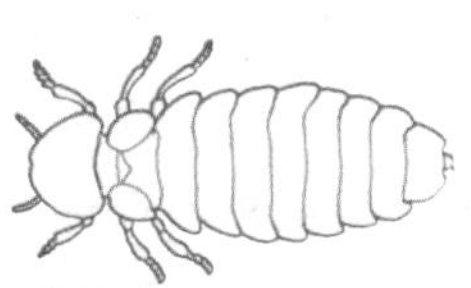

雌性

飞行中的金龟子

这种甲虫飞得又慢又笨，经常会被房间里发出来的光亮所吸引。

方展开。完全打开的甲虫翅膀可能会有大得惊人的表面积。有些甲虫相当笨重，因此需要翅膀有很大的飞行面积才能够离开地表。如果人的眼睛足够敏锐，就能够看到瓢虫（也是一种甲虫）的起飞过程。

在飞行的时候，鞘翅会僵硬地翻在外面，和身体形成一定角度。当甲虫飞行的时候，鞘翅也许可以给它提供一些向上的动力，但是所有扇动的任务都是由那对后翅来完成的。像金花金龟等一小部分甲虫，飞行的时候可以把鞘翅合拢，只展开膜翅，可是这种方式并不常见。绝大部分甲虫，当它们不飞行的时候，鞘翅合拢并覆盖住整个身体。在少数情况下，如隐翅虫的鞘翅虽然不能覆盖它的整个腹部，却可以一直保护着膜翅。对那些不会飞的甲虫来说，后翅已经消失，一对鞘翅融合成了一块坚硬的盾甲。一般来说，发育完好的膜翅总是藏在一对坚硬的鞘翅下面的。

第3章

脊椎动物征服天空

翼龙的进化

> 翼龙是能够飞翔的爬行动物，它们与恐龙生活在同一个时代，在6 500万年前全部灭绝了。

我们已知的最早的翼龙生活在2.2亿年前，它们已经飞得很好了。在爬行动物向会飞的动物进化的过程中，还有过渡的动物吗？至今为止，人们还没有发现能够印证这一阶段进化情况的化石。因此，我们不能肯定地说哪些爬行动物就是翼龙的祖先。它们可能来自恐龙、鳄鱼和蜥蜴谱系中的同一个分支。2.5亿年前，那种后来进化成翼龙的动物，很可能正按照它们独特的方式演化。

翼龙的祖先可能是某种生活在树上的爬行动物或者滑行动物。为了适应在空中滑行，它们前肢的指和前臂上的肌肉逐渐特

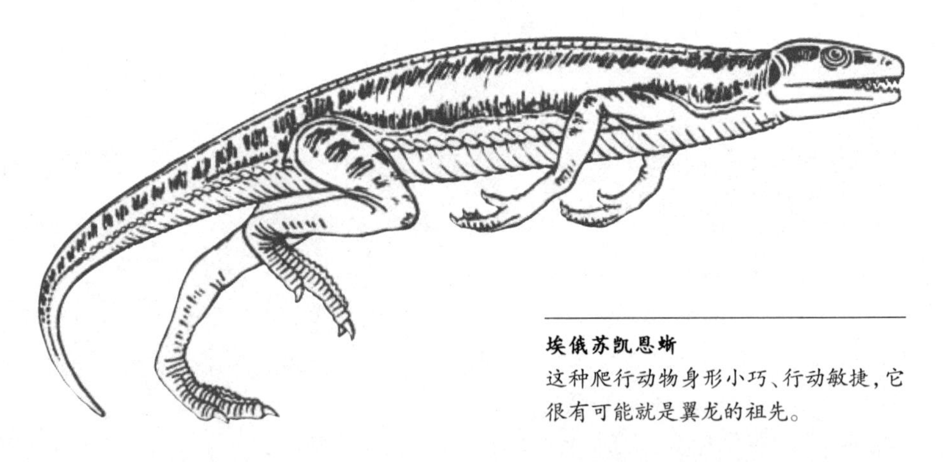

埃俄苏凯恩蜥

这种爬行动物身形小巧、行动敏捷，它很有可能就是翼龙的祖先。

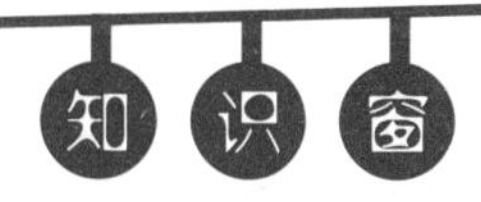

人们发现的第一块翼龙化石是翼手龙的化石。德国曼海姆博物馆的科西莫·克里尼于1784年给它画了一幅漂亮的素描。除了意识到它不是鸟类，克里尼还发现很难推测它属于哪一类脊椎动物。此后过了三十多年，它是一种爬行动物的说法才被人们接受。

化，直到它们能够拍打翅膀飞行。它们的翅膀是由皮肤构成的，可能主要由手臂支撑，尤其是由一根特别长的指骨来支撑。目前已知的翼龙大约有70种。由于飞行动物和其他动物比起来相对脆弱，所

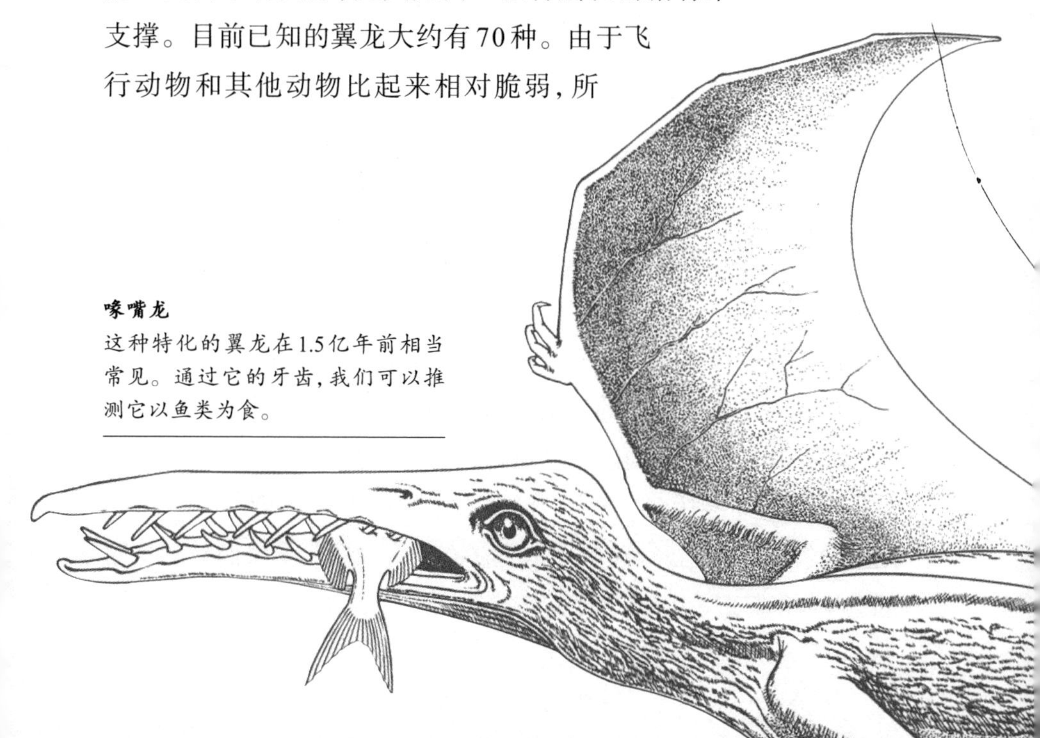

喙嘴龙

这种特化的翼龙在1.5亿年前相当常见。通过它的牙齿，我们可以推测它以鱼类为食。

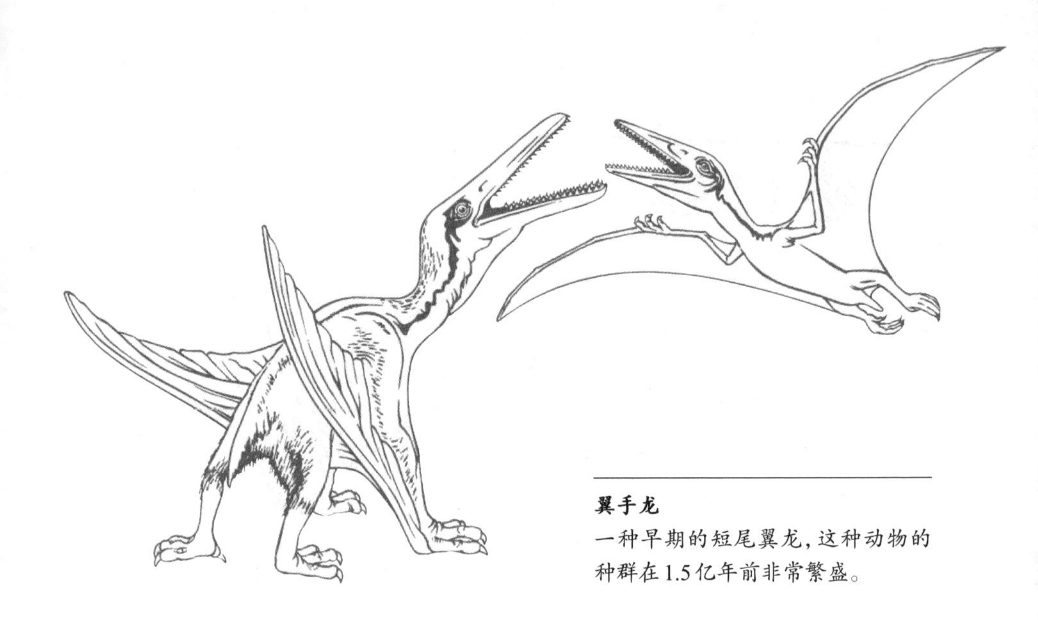

翼手龙
一种早期的短尾翼龙，这种动物的种群在1.5亿年前非常繁盛。

以它们大部分都没有作为化石保存下来，因此在翼龙1.6亿年的历史中很可能还有许多其他种类。我们知道的翼龙中，不同种类的体型差异巨大，小的可能只有金丝雀那么大，大的则有可能是历史上最大的会飞的动物。

早期的翼龙有很长的尾巴。与之相比，1.55亿年前已经出现的翼手龙简直就像没尾巴一样。在距今1.45亿年前的侏罗纪晚期，长尾翼龙灭绝了，翼手龙开始统治天空，一直到6 500万年前，它们突然灭绝。生活在恐龙时代末期的翼龙是所有已知翼龙中最大的一种。

由于现在没有和翼龙有亲缘关系的动物存活下来，我们很难清楚地了解翼龙是怎么飞的、飞得如何。它们是冷血动物还是恒温动物？它们吃什么？它们能在陆地上行走、奔跑吗？它们在陆地上是不是手无缚鸡之力？科学家们已经为这些问题争论两百年了，有些问题的答案我们已经知道了，但是还有许多问题科学家们有着不同的意见。

翼龙的翅膀

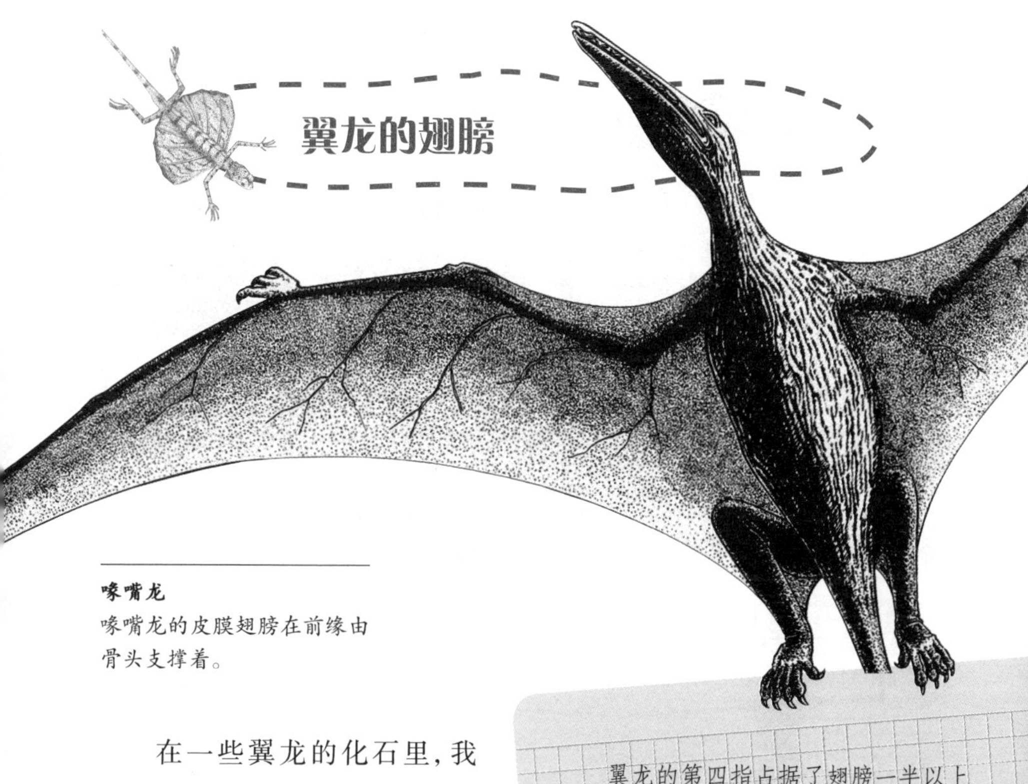

喙嘴龙
喙嘴龙的皮膜翅膀在前缘由骨头支撑着。

翼龙的第四指占据了翅膀一半以上的长度。除了这根伸得特别长的指骨以外，翼龙还有三指，但它们比第四指短得多，这三指形成了爪子，这样翼龙就能够紧紧抓住东西。

在一些翼龙的化石里，我们可以看到它用于飞行的翅膀。翅膀从第四指的尖端开始，斜跨过身体的一侧，然后沿着后腿，一直延伸到膝盖以下。翼龙翅膀的皮膜质皮肤由强化的纤维构成，只在前缘有骨头。

翼龙的第四指有四块骨头（也就是指骨），每一块都延伸得很长。它们紧紧地连接在一起，所以翼龙指不会弯曲、弯折。指根和掌骨（相当于人手的腕骨）之间有一个旋转的关节，就使得翼龙的四指可以作为一个整体自由折叠回身上。当它不飞行的时候，第四指指尖指向上方。在掌骨末端，有一小块翅状骨头伸出来，可以在掌

翼龙的骨头虽轻，但很结实。许多大骨头是中空的，其间有空气。对于最大的翼龙来说，长骨的骨壁很薄。然而，翼龙的骨头内部有很多细细的骨质支柱纵横交错，那么当骨头受到压力的时候，它正好可以提供支撑。

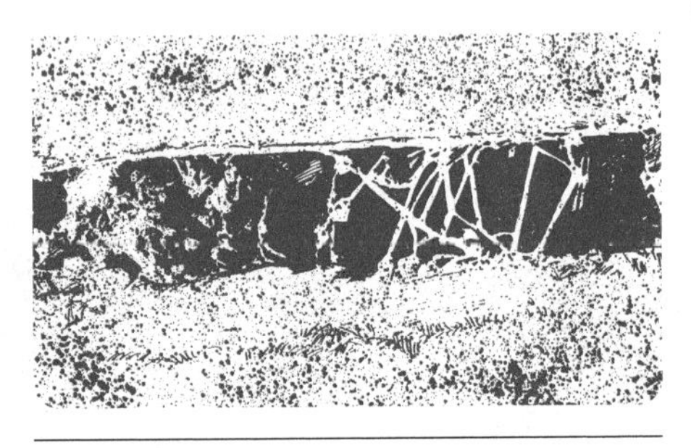

截面
这是一个沿着翼龙骨头纵向剖开的截面，我们可以看到骨质支柱和中空的地方。

骨和腕骨的连接处自由活动。翼龙的手臂前面长着一小块飞行翼，把翼龙的腕关节和身体连接了起来。刚才提到的那块小骨头可以让从腕关节到身体间前肢前侧的飞行皮膜变硬，在需要的时候还可以改变皮膜的角度。控制翅膀的肌肉长在手臂的上半部分，一直延伸到翼龙的胸骨。同鸟类的胸骨一样，翼龙的胸骨足够大，可以支撑这些肌肉，但是翼龙缺少像鸟类胸骨中的龙骨突。作为替代，翼龙长着一块可以上下移动的冠状骨。翼龙的上臂骨（也就是肱骨）也有一定的伸展空间用以连接强有力的飞行肌肉。为了增加力量，翼龙肩部的骨头是融合在一起的。在某些种类的翼龙身上，甚至会融合一部分后背上的骨头。

翼龙的后肢很小，也不是特别强壮，这和它巨大的翅膀形成了

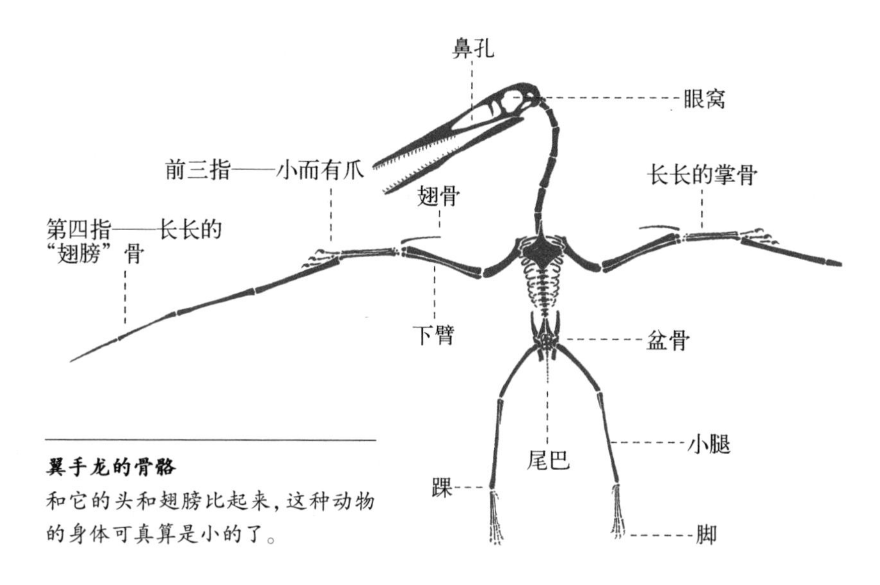

翼手龙的骨骼

和它的头和翅膀比起来，这种动物的身体可真算是小的了。

鲜明的对比。尤其是晚期的一些翼龙，它们的腿在陆地上甚至支撑不了自己的体重。

有尾翼龙

早期有尾翼龙飞行的时候，尾巴可以起到保持身体稳定的作用。它们的尾巴末端有一片竖起来的像螺旋桨叶片一样的东西，能让有尾翼龙飞得更稳定。尾巴的前几块椎骨可以正常地移动，但是其余的（多达40块）椎骨因为有很长的骨突而无法弯曲，因此整条尾巴都非常僵硬。这种动物得让头部和身体保持在一条直线上。

所有的有尾翼龙颚上都有牙齿。一般来说，这种翼龙的牙齿都

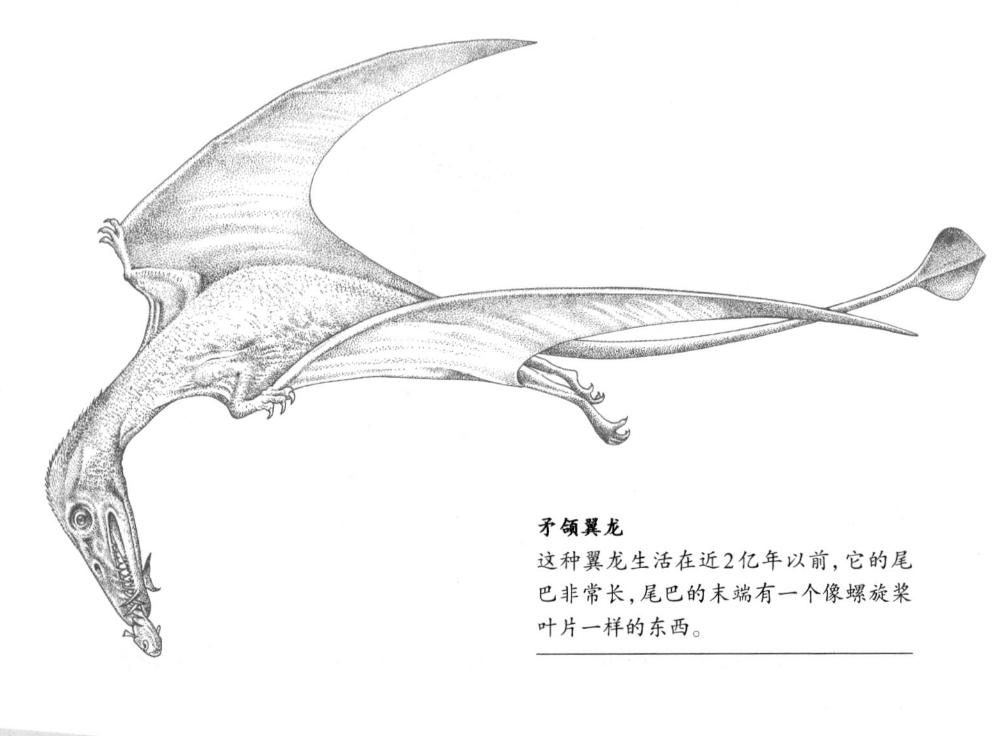

矛颌翼龙

这种翼龙生活在近2亿年以前，它的尾巴非常长，尾巴的末端有一个像螺旋桨叶片一样的东西。

化石记录中的所有早期翼龙都有很长的尾巴。

很锋利，捕起鱼来很方便。已知最早的翼龙——真双型齿翼龙，它的颚上有两种类型的牙齿：前面和中间是长长的獠牙，后面的牙齿比较小，有很多突出的尖角。它们好像以鱼类为食，因为在它们的某块化石的胃里发现了鱼的残骸。牙齿的磨损痕迹可能是由于捕捉当时的硬鳞鱼而留下的。真双型齿翼龙的翼展约1米长。有些有尾翼龙的体型比较大，有些则较小。有些种类的喙嘴翼龙的翼展甚至能够达到1.75米，而同属的其他种类则只有40厘米长。与真双型齿翼龙一样，我们在喙嘴翼龙标本的体内也发现了鱼类残骸。

翼龙目的大多数种类都是自主飞行者，它们首先扇动翅膀上升至空中，然后向前飞行。但是，翼龙目在后期的某些种类，比如喙

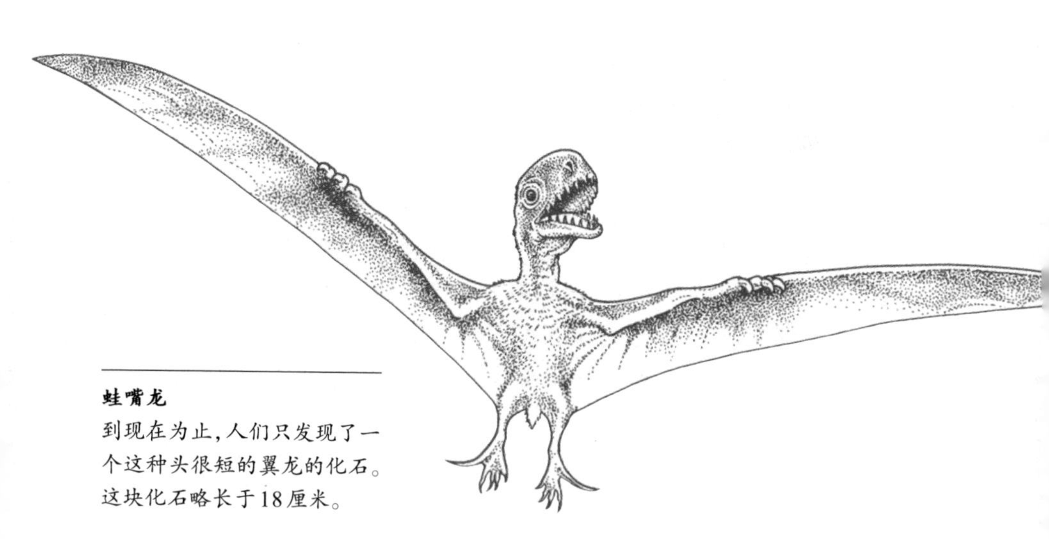

蛙嘴龙

到现在为止，人们只发现了一个这种头很短的翼龙的化石。这块化石略长于18厘米。

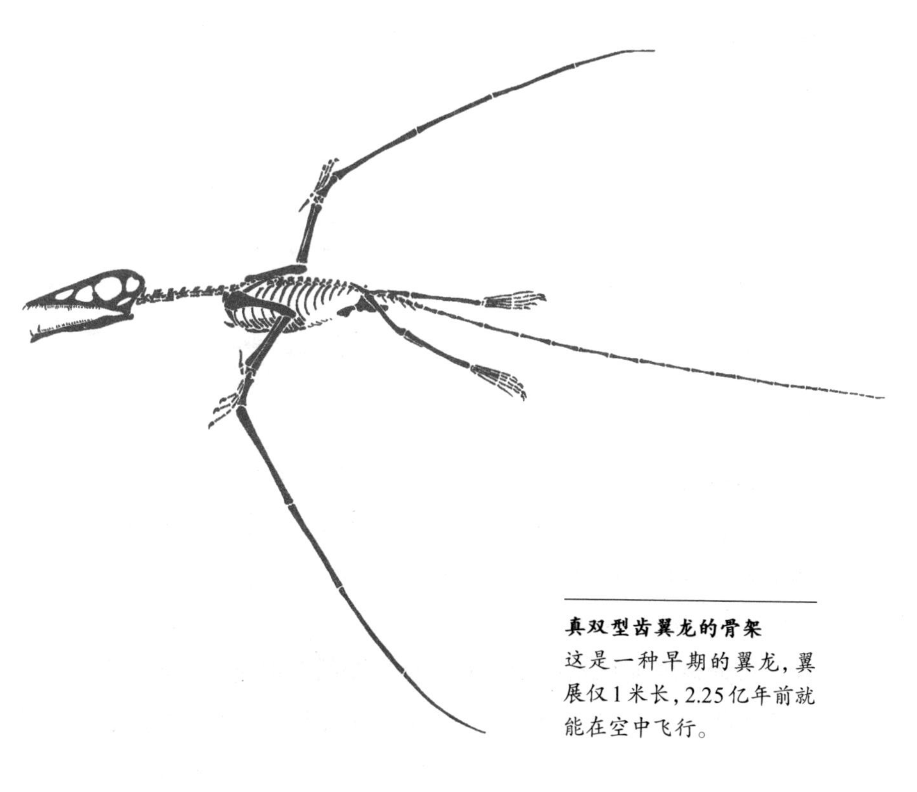

真双型齿翼龙的骨架

这是一种早期的翼龙，翼展仅1米长，2.25亿年前就能在空中飞行。

蛙嘴龙是翼龙目中比较奇怪的种类，它是一种“有尾”翼龙，但是它的尾巴却退化到就像一段树桩一样短。蛙嘴龙的体型较小，飞起来很敏捷。和身体相称，它有50厘米的翼展。它的头又短又宽又深，眼眶很大，牙齿像钉子一样。它可能以昆虫为食，而且是用翅膀来捕捉昆虫的。

嘴龙，它们的翅膀又窄又长，可能擅长于一飞冲天。科学家估计，喙嘴龙的体重大约只有海鸥的一半，可是它们的翼展却和现代海鸥差不多。

翼手龙

和鸟类的头一样，翼手龙的头和脊椎之间成一定角度，它们的颚被拉长了。不同种类的翼手龙，它们的牙齿也有很大区别，有的种类有高度特化的牙齿，有的则完全没有牙齿。典型的翼手龙长有非常适应于捕鱼的牙齿。

一些翼手龙体型较小。有一种早期的翼手龙长得很精巧，翼展只有25厘米长。它可能以昆虫为食，应该也吃一些小型鱼类。早期的小型翼手龙可以拍动翅膀，机动灵活地飞行。后期的翼手龙，体型一般都较大，比如无齿翼龙，它的翼展达到了9米长。其翅膀各处的比例与有尾翼龙不同："腕骨"更为修长，第四根指占翅膀总长度的比例也变小了。它们的飞行模式仍然是一样的，但是对体型较大的种类来说，如果可以的话，它们总是采用一飞冲天的方式来飞行而不是拍着翅膀缓缓上升。与翅膀相比，它们的身体显得比较小。例如，古魔翼龙的身体仅有24厘米长，但是它的翼展比它的身体要长17倍。因此，大型的翼手龙可以进行长途飞行是

翼手龙可能是由有尾翼龙进化而来的。它们不需要像有尾翼龙那样用长尾巴保持身体平衡，正说明它们的神经系统已经进化到一定程度，可以控制它们的飞行。

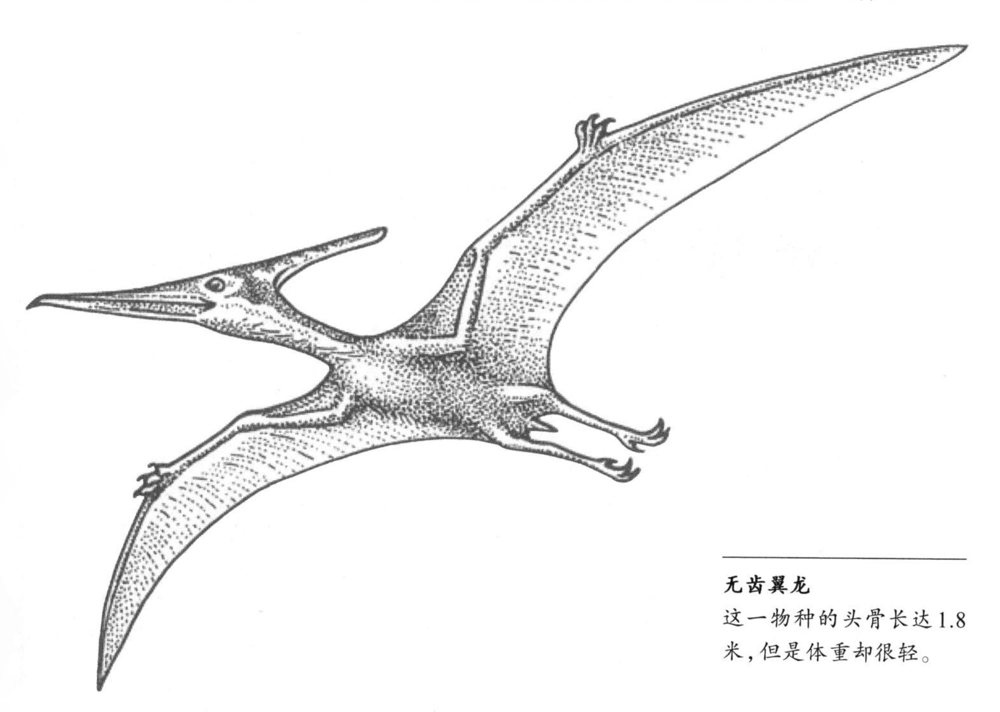

无齿翼龙

这一物种的头骨长达1.8米，但是体重却很轻。

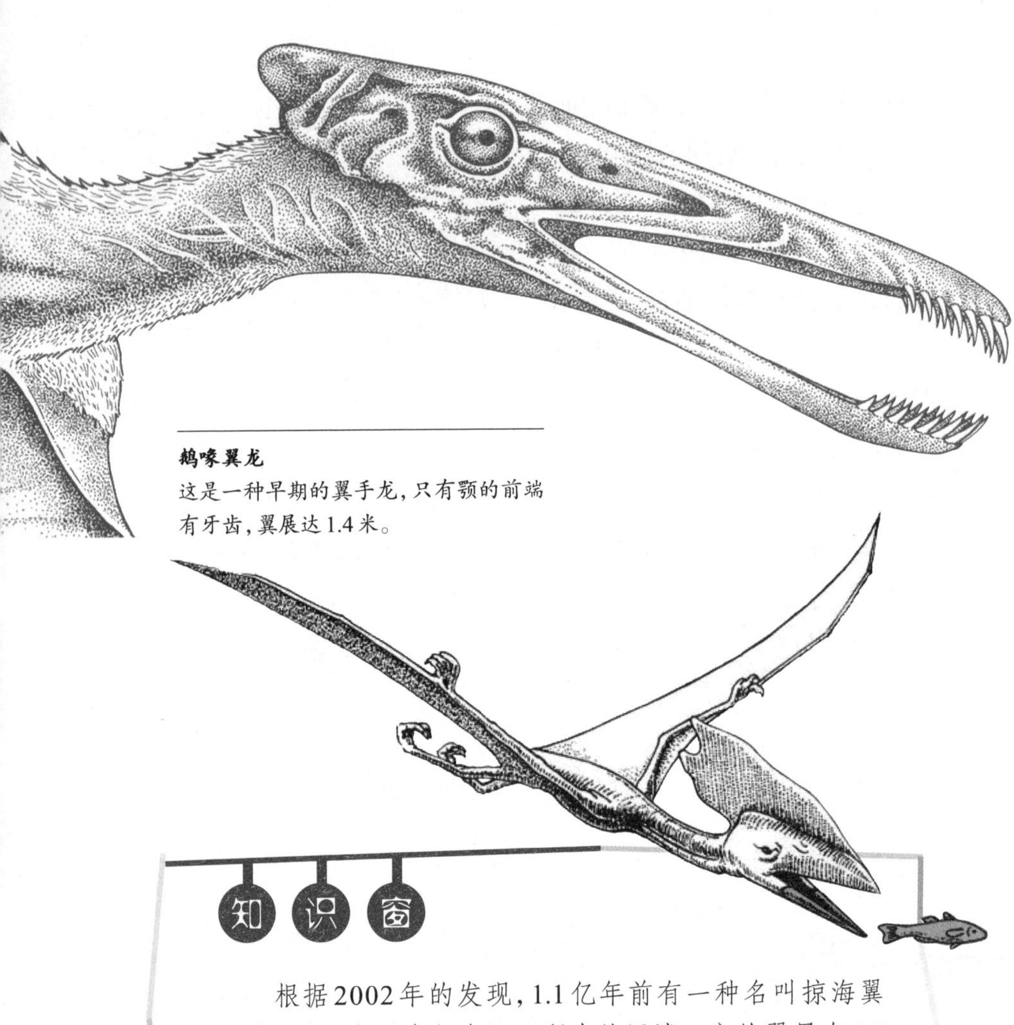

鹅喙翼龙

这是一种早期的翼手龙，只有颚的前端有牙齿，翼展达1.4米。

知识窗

根据2002年的发现，1.1亿年前有一种名叫掠海翼龙的恐龙，生活在如今巴西所在的区域。它的翼展有4.5米长，而头骨则有1.4米长，头骨上有一个又长又窄的骨质冠。和头骨相比，掠海翼龙的骨冠差不多是所有脊椎动物里最大的。其内充满血管，可能对体温的调节起着重要的作用。捕捉猎物的时候，它的下颚快速掠过水面，头冠就可以使其保持身体的平衡，就像现在的剪嘴鸥一样。

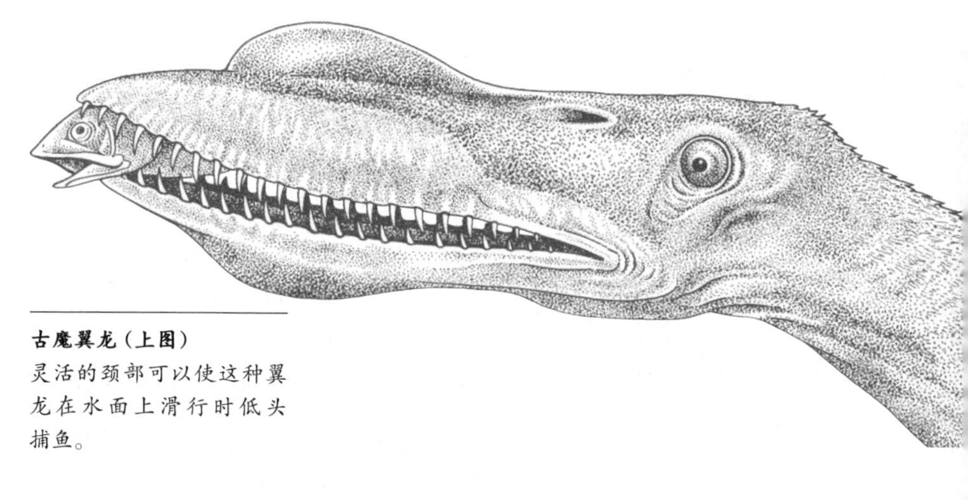

古魔翼龙（上图）
灵活的颈部可以使这种翼龙在水面上滑行时低头捕鱼。

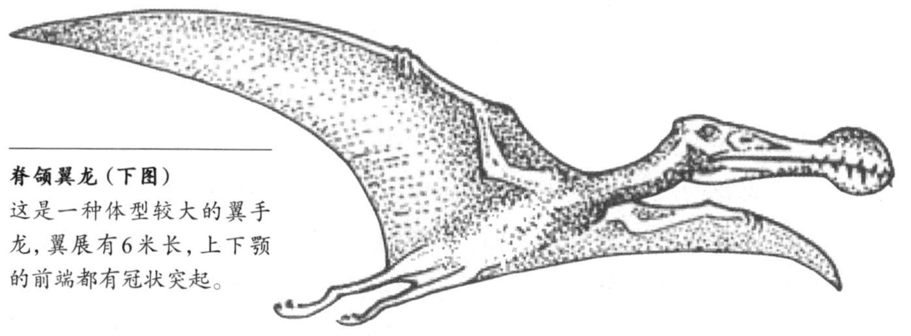

脊颌翼龙（下图）
这是一种体型较大的翼手龙，翼展有6米长，上下颚的前端都有冠状突起。

毫无疑问的。人们发现过一块无齿翼龙化石，它应该是死在海里的，死的地方距离最近的海岸有至少160千米。

许多大型翼手龙头上都有冠状突起，有时候长在喙上，有时候在头的后部。这些冠状突起有很多功能，比如可能是这个种群的标志，或是一种区分个体的标志。但是，对于翼手龙这样一种体型大、体重轻的飞行动物来说，在飞行的时候，头冠在飞行中肯定有重要的影响，可能是作为翼手龙的方向舵，掌管飞行的方向。当翼手龙用翅膀捕鱼的时候，它的下巴会浸到水里，这时头冠或许就用来保持身体的平衡。

翼龙的生活方式

很多科学家认为翼龙是出色的飞行家，不过他们不太确定翼龙在陆地上是怎样行走的。

有些科学家认为，翼龙走路时四肢都得用上；可是有些科学家认为，它们奔跑的时候可以只用后肢。翼龙上半部分的腿骨（股骨）和臀部之间成一个很大的角度，所以翼龙可能很难竖直站立。翼龙翅膀的前三指有锋利的爪子，这表明它们善于攀爬，那树木和悬崖可能为它们的飞行提供了良好的起飞平台。

翼龙的飞行是自主行为，那么它们是恒温动物吗？人们已经在一两种翼龙标本的身体表面上发现了一些毛样纤维，这种纤维可以保持体温。如果翼龙的身体能够稳定地保持温暖的体温，那么它们随时都能够飞行，而不像许多爬行动物那样，必须要先热身，提高身体的温度以后才能够起飞。

翼龙的大脑是什么样的呢？我们可以利用翼龙的头骨化石重塑其颅腔模型，这样我们就可以了解翼龙大脑的形状和大小。翼龙大脑和鸟类的大脑有相似之处，不过要更小一点。大脑中控制嗅觉的部分比较小，但是控制视觉和运动协调的部分却非常发达，符合科学家对翼龙会在飞行中捕猎的推测。

翼龙通常吃的食物可能都是鱼，哪怕它们的头和颚形态各异。有些翼龙的嘴里有很多小小的牙齿，有些翼龙的嘴上则长满了刚毛。这可能是一种过滤结构，用于从水中提取小猎物。不过，它们

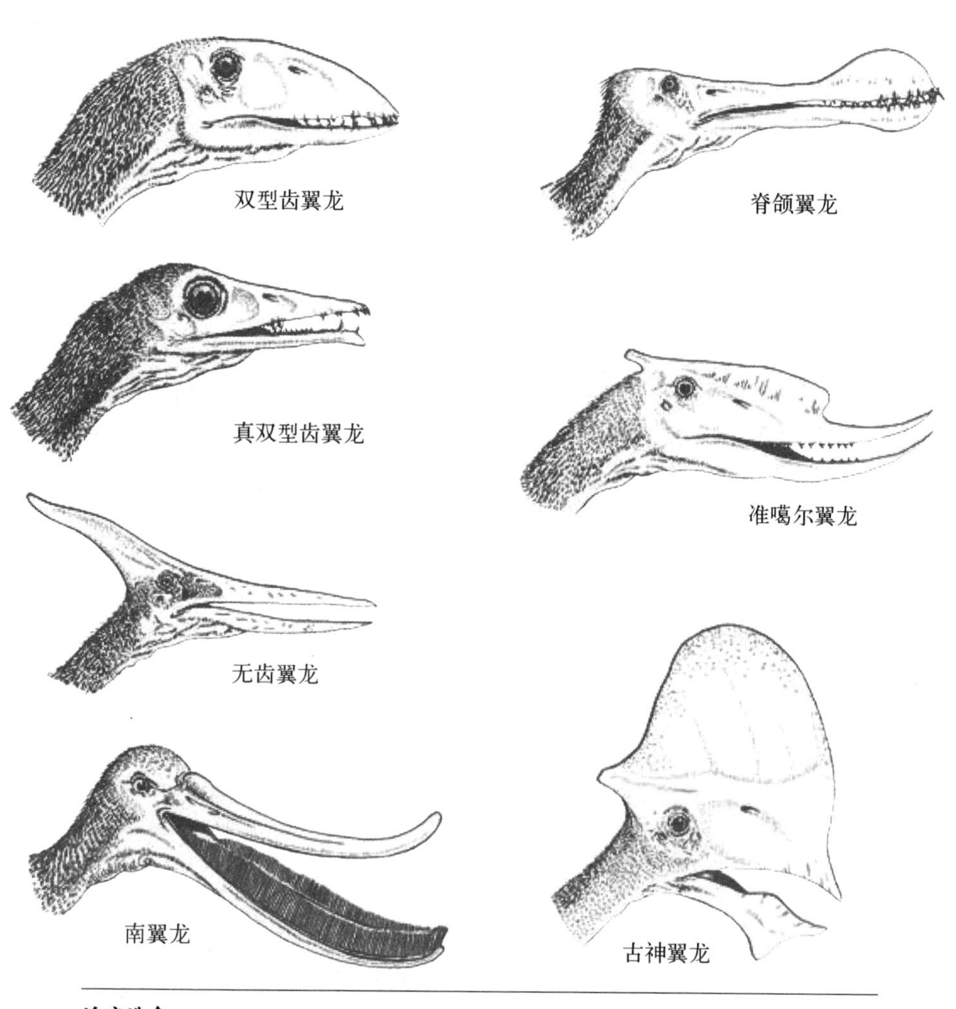

适应进食

不同翼龙的颚部多样，说明它们吃的食物和进食方式各不相同。

到底是怎么吃东西的呢？它们会用四肢在水中跋涉吗？翼龙的复原图看起来都很笨拙，但或许它们其实很敏捷，可以在飞行过程中过滤水体表层的水。还有些翼龙吃的是昆虫，有些甚至吃甲壳动物或是蠕虫。

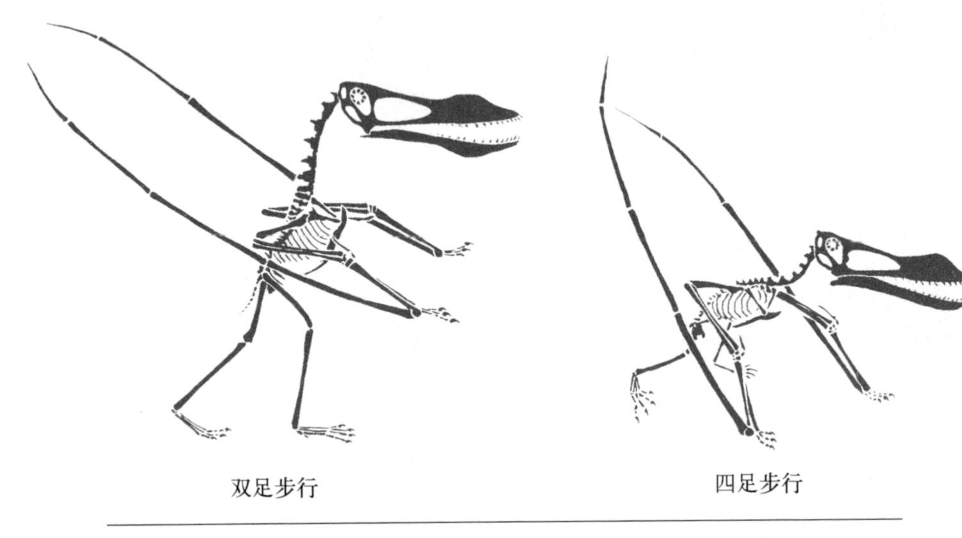

四条腿还是两条腿？

不管是哪种结论，翼龙在陆地上行走的复原图看上去都很笨拙。

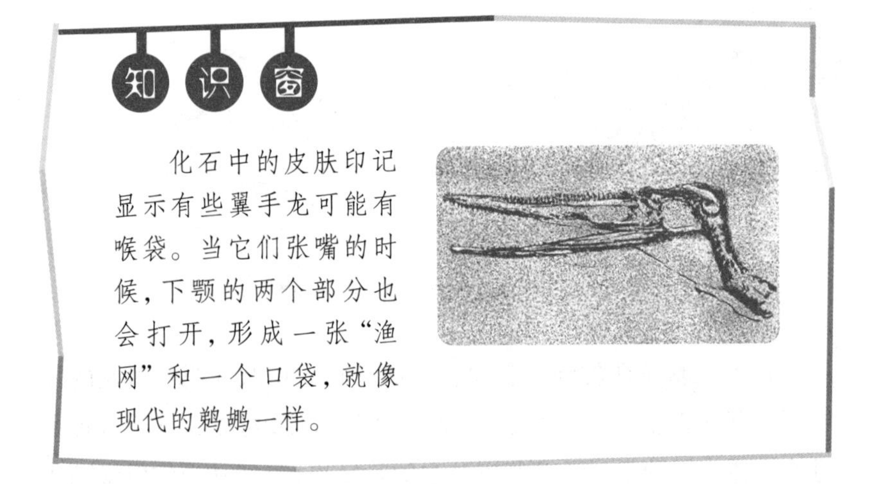

知识窗

化石中的皮肤印记显示有些翼手龙可能有喉袋。当它们张嘴的时候，下颚的两个部分也会打开，形成一张“渔网”和一个口袋，就像现代的鹈鹕一样。

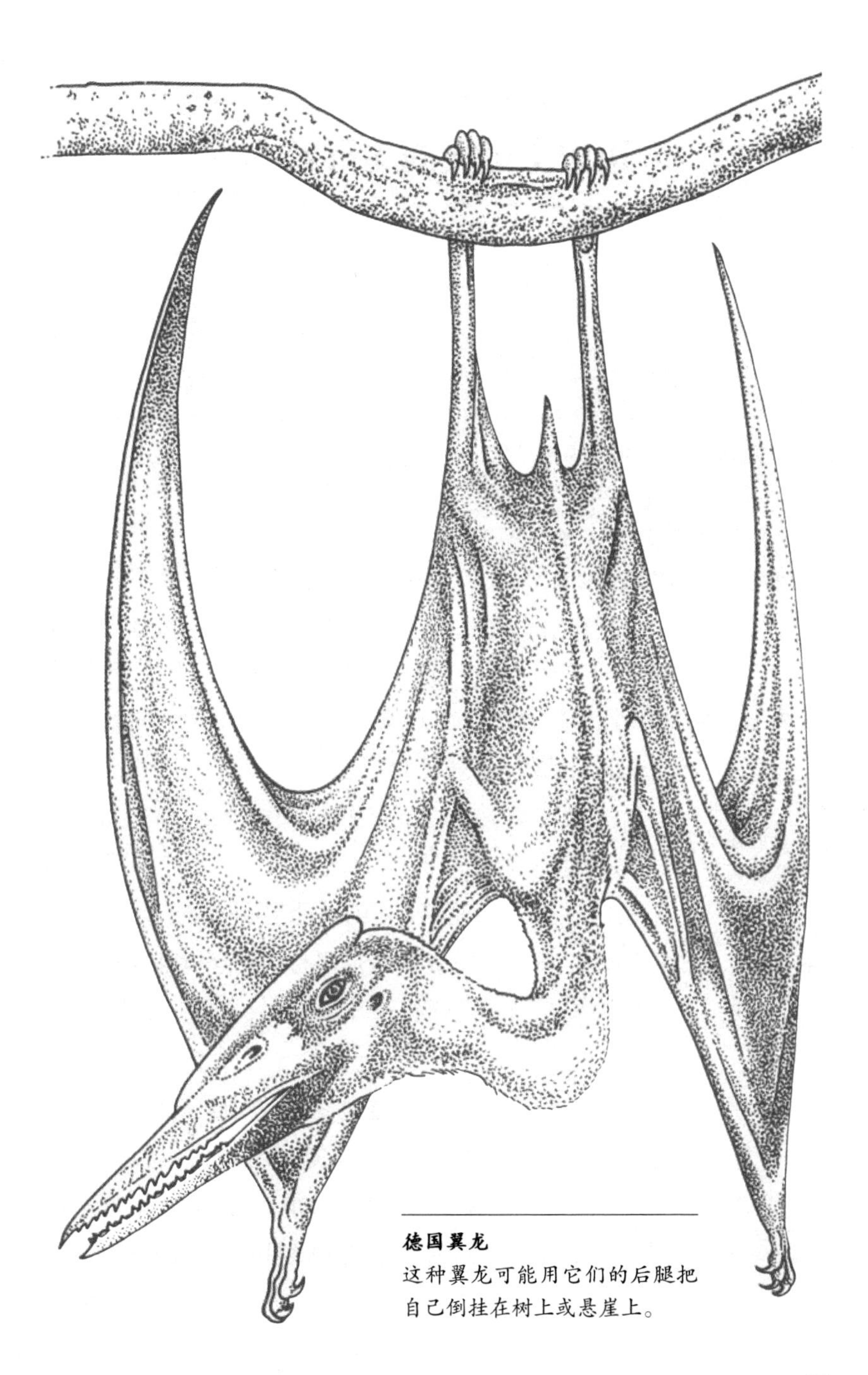

德国翼龙

这种翼龙可能用它们的后腿把自己倒挂在树上或悬崖上。

历史上最大的飞行家

世界上最大的飞行动物是披羽蛇翼龙，它的化石最早在美国得克萨斯州被发现，邻近美墨边界，所以科学家根据墨西哥人崇拜的羽蛇神给它命名。它的翼展至少有12米长，甚至可能达到15米。披羽蛇翼龙和一架小型飞机一样大。

披羽蛇翼龙是翼手龙属中的一种，它的脖子长而僵硬，脖子里有相当长的单个椎骨。它的颚上无牙，形成了狭长的喙，头上则有长长的骨质冠。它的头和脖子加起来有2.5米长。在1971年科学家发现披羽蛇翼龙以前，无齿翼龙是人们已知最大的翼龙。很多科学家都曾经研究过无齿翼龙如何飞行，并且估计它的重量大约只有15千克。

披羽蛇翼龙

这种体型巨大的翼龙肯定会不时地降落到陆地上，但是它怎么移动，怎么吃东西，怎样再次起飞，到现在仍然是一个谜。

披羽蛇翼龙肯定很重，大概有80千克。即使如此，鉴于它大大的翅膀，它的体重还是相对偏轻。它能够保持不拍打翅膀的状态低速飞行很远的距离。当它把翅膀张开来，仅仅需要一丁点儿风，就可以飞上天空。它很难通过跳跃起飞，而且因为身体太大，它也不会爬树。

与绝大多数的翼龙不同的是，披羽蛇翼龙的化石不是在海里的岩层中找到的，而是

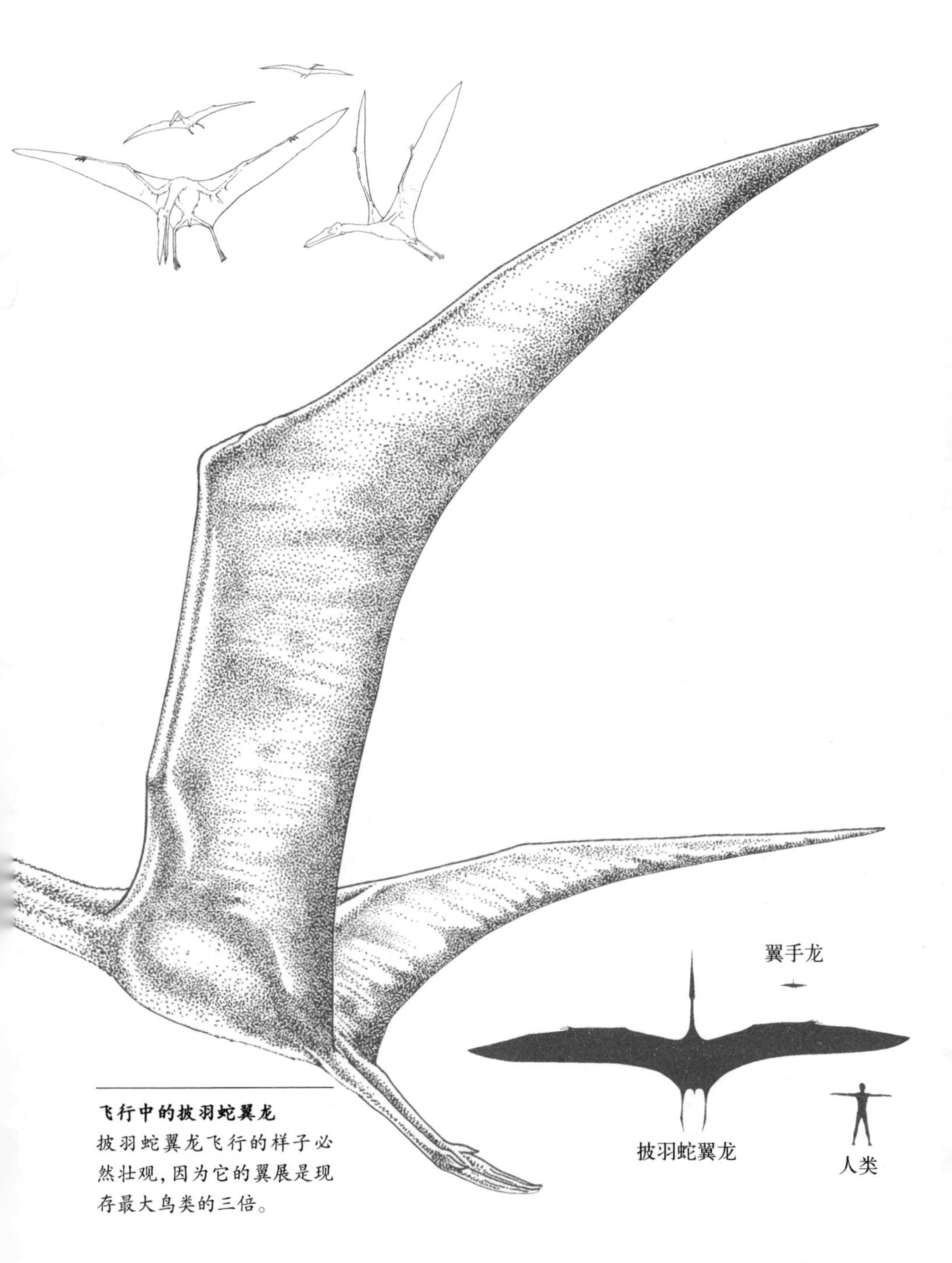

飞行中的披羽蛇翼龙

披羽蛇翼龙飞行的样子必然壮观，因为它的翼展是现存最大鸟类的三倍。

披羽蛇翼龙是最大的翼龙，它的化石在6 500万年前恐龙和翼龙灭绝前最后的岩石层中被找到。尽管在灭绝前翼龙已经开始衰退，但我们还是不知道它们为什么突然消失了。也许是因为白垩纪晚期的气候变化反复无常，风速变快而使在空中翱翔变得困难。也可能是气候的变化让海里的浮游生物以及以它们为食的鱼类大量死亡，这样一来翼龙就没有食物了。

在一条流速缓慢的河流的冲积平原上找到的。科学家们据此推测，披羽蛇翼龙可能以死去的动物为食。可是想象一下：披羽蛇翼龙用后腿和翅膀笨拙地站在地上，再试图用又长又僵硬的脖子和无齿喙去撕裂大块大块的、硬得咬不动的肉，好像非常困难。科学家们还有另外一种猜测：披羽蛇翼龙可能以从洞穴中挖出来的甲壳动物为食。然而，这种猜测恐怕也是站不住脚的。最有可能的是，披羽蛇翼龙缓慢地在水面上空飞行，用翼龙最典型的方式，用长喙伸到水面下捕食鱼类。

第4章

鸟类接管天空

鸟类的进化

现存有鸟类将近10 000种，其体表都覆有羽毛，都是恒温动物。

大多数鸟都会飞，它们的前肢已经进化成了翅膀，长着特殊的羽毛，后肢则用来行走、攀爬、栖息或游泳。它们骨骼的某些部分已经融合在了一起，这样可以提供更多的力量。鸟类没有沉重的牙齿，而有一个轻巧的角质喙，喙的具体形状适应于不同鸟类吃的各种不同的食物。我们很容易辨认出鸟类，尤其是现代的鸟类。

近年来，很多科学家猜测鸟类是由恐龙进化而来的，小型食肉恐龙是鸟类祖先的可能性最大。鸟类祖先长出了简单的羽毛用以隔热，在此基础上进化出现代鸟类典型的扁平羽毛，为其起飞提供了可能。不过，鸟类到底是怎么开始飞的仍有争论，它们最开始是助跑起飞的，还是爬树时从树上起飞的呢？

小麝雉

许多早期鸟类的翅膀上都有爪子。现代的麝雉幼崽翅膀上也有爪子，可以用来攀爬。

许多年来，唯一已知的可作为“第一只鸟”的化石来自始祖鸟，在它和下一块原始鸟类化石之间有好几百万年的空白。近年来，人们发现了很多原始鸟类和恐龙的新化石，填补了这一进化过程中的一些空白。化石证据表明，尽管曾经有许多种类的鸟或类鸟生物，但是

鸟类的亲缘关系（上图）

这幅图显示的是分子学研究基础上几个鸟类种群之间的亲缘关系。

鸟类的谱系（下图）

这幅图根据传统的解剖学比较法展现了几个鸟类种群之间亲缘关系。它和上面那幅用“现代”方法展现的亲缘关系图有很大的差别。

到了6 500万年前某一时间点之后，所有鸟类基本上都是现代鸟类。有些现代种群可以追溯到那个时代，甚至更早。不过鸟类的演化从来没有停止过，它们一直在演化出新的种类。

现代鸟类之间有很多相似之处，很难给它们画出一个“家谱”来反映它们的亲缘关系。它们的相似性是因为同一祖先，还是因为共同的生活方式呢？比如说，并不是所有长着钩喙的食肉鸟都有亲缘关系。根据对定义特征的选择，火烈鸟被归类为一种鹳。现代的分子学研究可以帮助我们进行分类，可是有时它们得出来的结果会和传统的解剖学分类法相矛盾。

一些现代分子学研究表明，很多现代的鸟类族群起源的年代，比化石显示的要早得多。这也暗示了现代鸟类间的关系很可能和我们的传统看法不一样。

始祖鸟

始祖鸟是我们已知世界上最早出现的鸟类，它们生活在1.5亿年前。不论从哪个方面来看，始祖鸟似乎都是爬行动物进化到鸟类过程中一个完美的环节。始祖鸟有翅膀，有像鸟类一样中间有羽杆的羽毛，而且还有两边不对称的飞行羽毛。毫无疑问，始祖鸟能够飞行，但是它们飞得好吗？这个问题让科学家猜测了150年之久。始祖鸟的翅膀已经进化完善，但是现代飞禽胸骨上的龙骨突，始祖鸟是没有的。在始祖鸟的翅膀前端，也有相互分离的指形成巨大的爪子。在现代鸟类身上，

始祖鸟最初于19世纪中期在德国以盛产化石而闻名的索伦霍芬被发现。动物死在几乎没有氧气的潟湖里或者潟湖旁。当它们被埋进泥浆里，尸体不会很快腐烂，这样的尸体形成的化石保留了很多死去动物的细节：昆虫，皮肤的印记……而在始祖鸟的例子中则是有羽毛的鸟。

始祖鸟

复原图表明始祖鸟善于爬树（左图）。它的骨骼（右图）和小型恐龙相似，头骨（中图）上有很多牙齿。

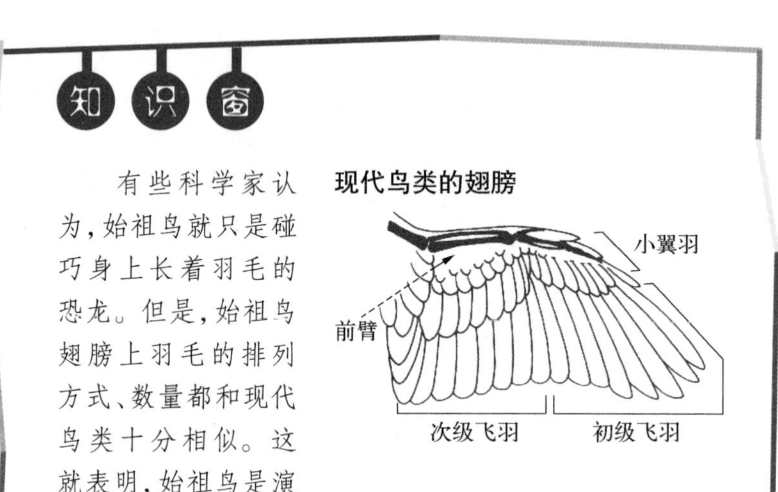

知识窗

有些科学家认为，始祖鸟就只是碰巧身上长着羽毛的恐龙。但是，始祖鸟翅膀上羽毛的排列方式、数量都和现代鸟类十分相似。这就表明，始祖鸟是演化成现代鸟类的古老种群的一支。

骨质的尾巴已经完全消失了，它们的尾巴由羽毛构成。但是，始祖鸟仍有一条长长的骨质尾巴，而且始祖鸟的颚上还长着牙齿。

总而言之，始祖鸟的体型和乌鸦差不多，它的骨架和当时的小型恐龙几乎没有差别，但是因为它的身上有羽毛，而且会飞，所以人们认为它是最早的鸟类。始祖鸟的生活方式引发了大量讨论。绘制复原图时，人们认为翅膀前面的爪子是用来帮助它爬树的，因此经常把它画在树上。一种名叫麝雉的现代鸟类，幼雏期翅膀前面也有爪子，可以爬树。由此，人们假设：始祖鸟可能是从树上滑行起飞的。

另一方面，始祖鸟的脚基本没有显示出利于攀爬的进化方向，更像是生活在陆地上的恐龙的脚。有些人认为，翅膀最初是用来捕捉猎物的（这使爪子有了用武之地），后来才慢慢演化成跳到空中飞行。

前肢比较

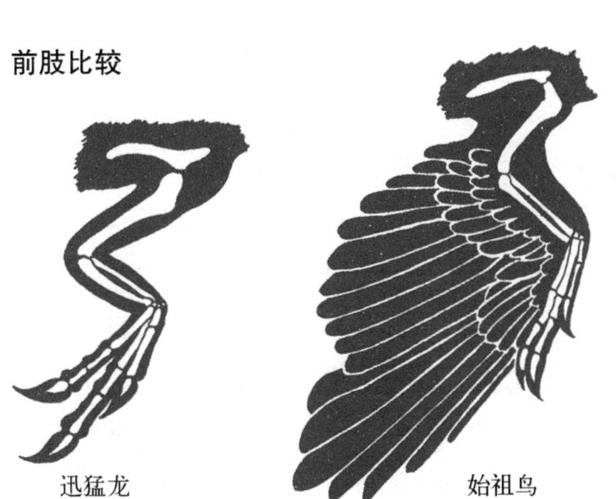

迅猛龙和始祖鸟的前肢比较

它们翅膀的比例不一样，但是前肢的骨骼大致相似。

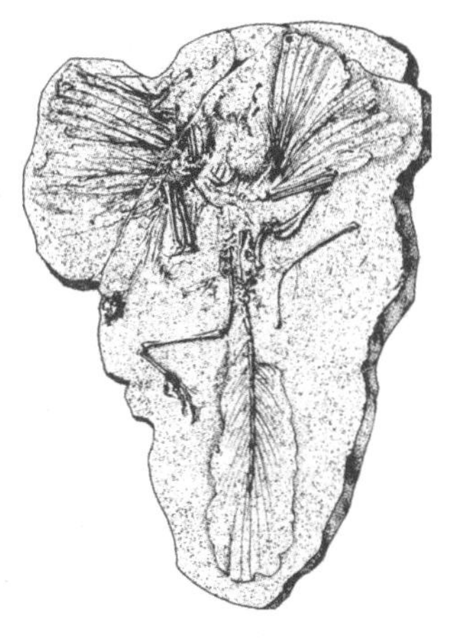

化石

这块始祖鸟化石取自索伦霍芬的石灰岩，翅膀上的羽毛（上部）和尾巴上的羽毛（下部）清晰可见。

其他早期鸟类

中华龙鸟是一种源自中国的恐龙，身长1.25米，用后肢行走，体重只有2.3千克。化石证据表明，它的身体被一些短短的纤维覆盖。现在人们认为，这种纤维就是最简单的羽毛。其前肢很短，自然不能用来飞行，但是前肢的羽毛却可以帮它保暖。中华龙鸟似乎比始祖鸟更为原始，但是它生活的年代却比始祖鸟晚了2 500万年。尾

近些年来，在西班牙、马达加斯加、中国以及南美洲一些国家和地区都发现了许多鸟类和类鸟恐龙化石，使我们对古代鸟类有了更多的认识，同时也让我们对鸟类进化提出了更多的问题。这些化石表明鸟类的进化不是一个简单的过程。

羽龙是同时期另外一种小型恐龙，但是它长着带羽杆的羽毛。由于尾羽龙所有的羽毛都是对称的，所以它也不会飞。中华龙鸟和尾羽龙证明了不会飞的恐龙身上也是可以长着羽毛的。大约1.25亿年前，鸟类种群已经非常多样化，但是它们并非所有的特征都与现代鸟类一样。后来发现的热河鸟，有一个为稳定飞行而进化

中国鸟
这种生物生活在树上。在某些方面，它看起来很像现代鸟类，但是它的喙里仍然长有牙齿。

热河鸟
古代鸟类的各个种群都保留了不同的“原始特征”，如热河鸟保留了长长的骨质尾巴。

像中国鸟这样的反鸟类，其骨骼没有现代鸟类所特有的许多血管。它们的骨头看起来是一阵一阵突然生长的，很有可能是季节性生长，而现代鸟类的骨头是连续平稳地生长的。这或许是它们不能像现代鸟类那样保持身体恒温的原因。

出的骨架，但它仍有像始祖鸟那样长长的骨质尾巴。有趣的是，人们找到的这种与火鸡体型差不多大的热河鸟的化石，胃里还有50粒没有被消化的种子，这正说明，即使是早期鸟类，有的种类也已经适应以种子为食物了。

伊比利亚鸟是一种雀形目原始鸟类，它的脚已经能够适应在树上栖息。它的翅膀比始祖鸟的翅膀进化得更完善。始小翼鸟是我们已知最早有小翼羽的鸟类，小翼羽是鸟类翅膀前端多出来的一小团羽毛，对现代鸟类飞行的机动性很重要。始小翼鸟的翼展有18厘米长，和一些小型雀类差不多，但化石里保留的食物残骸表明它们吃甲壳动物。始小翼鸟属于一个被称为“反鸟类”的种群，反鸟类的化石在世界很多地方都有发现，它们生活的时间大约为距今1.3亿—7 000万年前。包括在中国发现的小型树栖鸟中国鸟在内的反鸟类化石，都长着满嘴的牙齿。

伊比利亚鸟
在西班牙发现了这种雀形生物的遗骸。

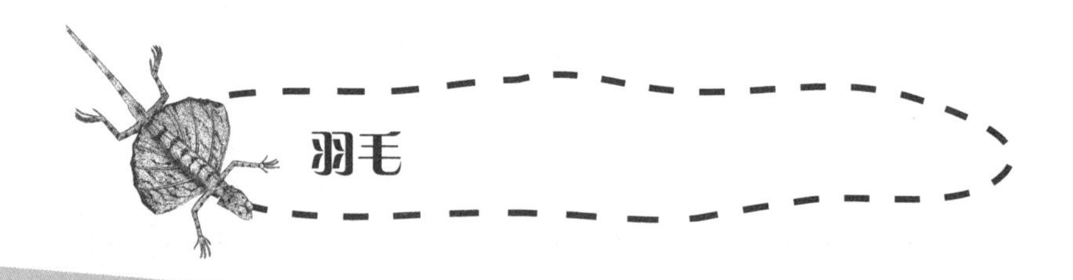

羽毛

羽毛由一种叫作角蛋白的蛋白质构成，爬行动物的鳞、哺乳动物的毛发和指甲也由这种物质构成。

在廓羽中，羽轴的两侧有很多羽支，羽支和羽支之间还有很多羽小支互相连接而紧密地结合在一起，所以整根羽毛形成了一个扁平的表面。体型比较大的鸟身上较大的羽毛甚至可能有百万个羽小支。如果羽毛乱了，鸟类就会用它们的嘴或脚来梳理、抚平，而羽小支会再次互相连锁、紧密结合。这样的结构相当强韧，却是中空而轻盈的。廓羽使鸟类保持流线型的身体。在鸟类的翅膀和尾巴上则长着更大的羽毛——飞羽，它们的作用是提供飞行时所需要的升力，控制飞行的方向。飞羽都是不对称的。

廓羽下有一

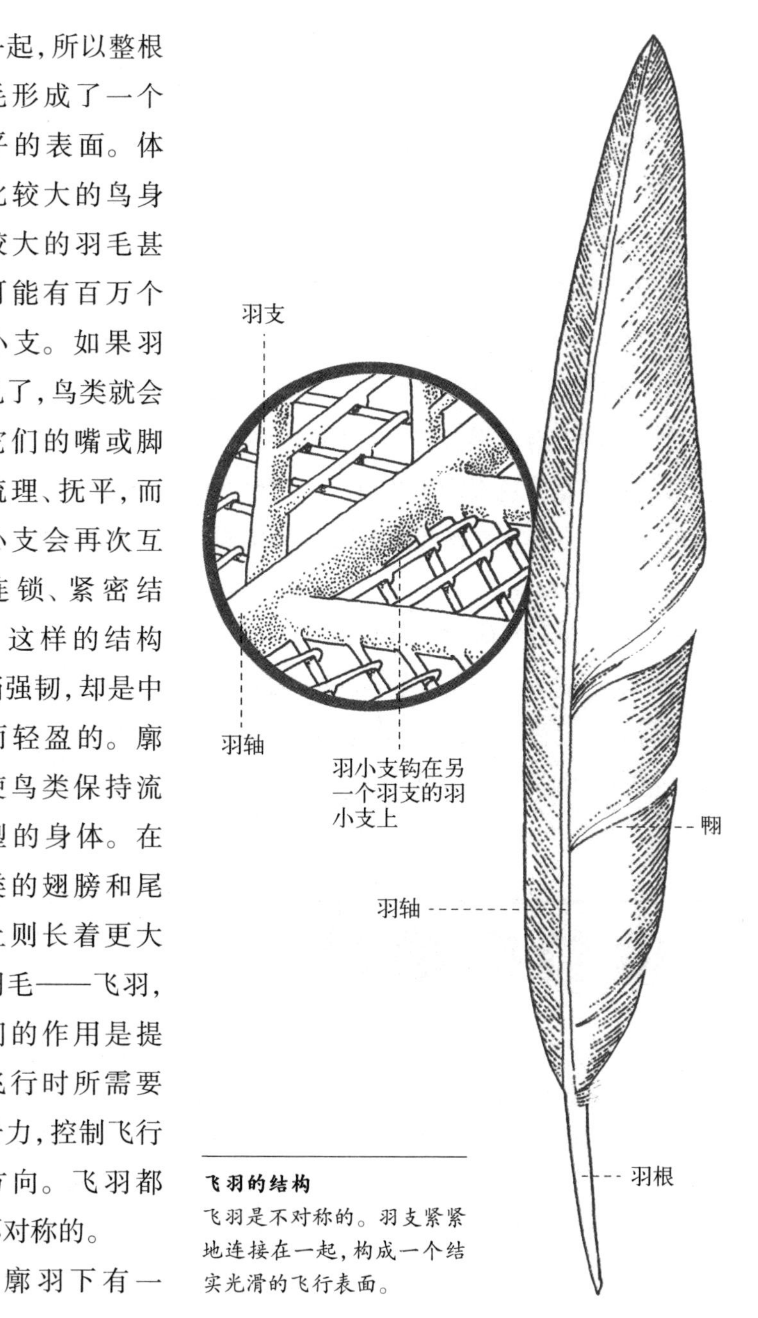

飞羽的结构

飞羽是不对称的。羽支紧紧地连接在一起，构成一个结实光滑的飞行表面。

层松软的羽绒。羽绒的羽轴很短，末端也有很多羽支，但羽支之间没有能够互相连接住的羽小支。廓羽下的这层绒毛可以捕获空气，能够帮鸟类保温。很多幼鸟身上在长出其他羽毛之前就有羽绒。

纤羽的羽轴很长，顶端是小团绒毛。纤羽长在其他羽毛之间，底部有感觉细胞，可以用来控制覆羽的排列。

鸟类的刚毛只有一根单独的羽轴，大都长在眼睛的周围，形成“眼睫毛”，或长于喙的边缘。刚毛也许能够充当感觉器官，也可以起到保护头部的作用。

鸟类的羽毛有时很鲜艳，有时也可以提供惊人的伪装。羽毛中最普通的颜色是黑色素产生的黑色，它会呈现出不同的棕色。红色和黄色通常来自鸟类食物产生的色素。当然也有很多颜色不是由色素产生的，而是由光线反射羽毛中的薄层而产生的。正是这种物理现象产生了蓝色及其他颜色闪亮的羽毛。

鸟类羽毛的一个缺点就是容易磨损，磨损后羽毛就会变得蓬乱，失去其应有的功能。所以，鸟类会褪去磨损的羽毛，长出新的羽毛。鸟类一般一年换两次毛，要长出新羽毛，需要消耗很多食物。

蜂鸟全身所有羽毛加起来可能也不到1 000根。燕子可能有1 500根。大一些的鸟，比如老鹰，它们的羽毛可能超过7 000根。已知羽毛数量最多的是一只天鹅个体，它有25 216根羽毛，其中超过20 000根分布在它的头部和颈部。

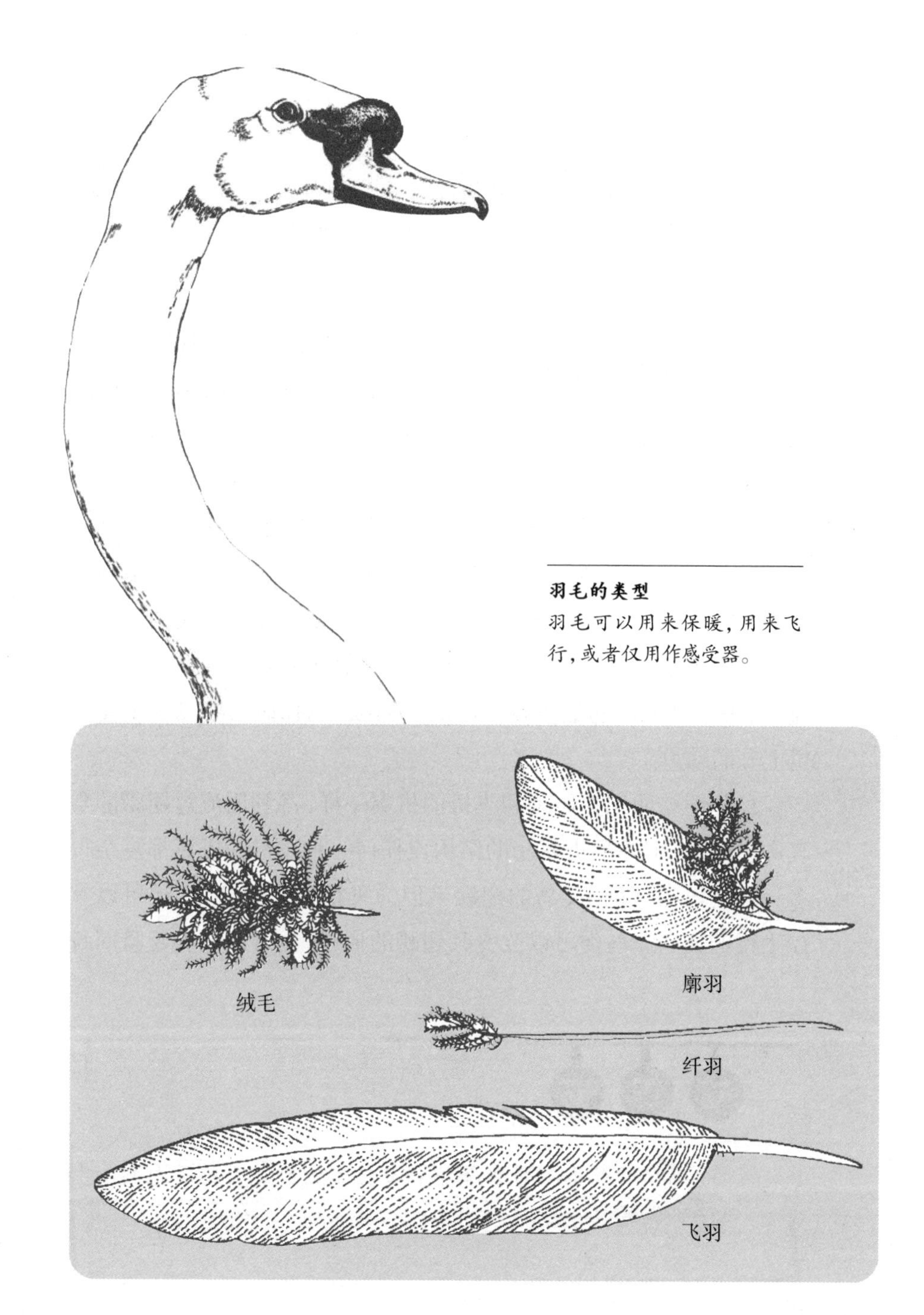

羽毛的类型

羽毛可以用来保暖，用来飞行，或者仅用作感受器。

鸟类的翅膀

鸟类的翅膀里有一根延伸到它们翅膀前端的骨头。

鸟类前肢的指退化到仅剩下两个。拇指在翅膀前缘，可以单独活动，并有几根羽毛相连。拇指一般用于慢速飞行或机动飞行，通常压平于翅膀的其他部分。鸟类前肢各骨骼的比例根据鸟的种类和飞行方式而各自不同，前臂和腕掌骨（相当于人类的手腕和手掌上的一些骨头）十分细长。主要的飞行羽毛是初级飞羽和次级飞羽：初级飞羽附着于掌骨，次级飞羽附着于前臂。鸟在飞行的时候，对推动其前进起最重要作用的是初级飞羽，而次级飞羽主要提供上升的动力。

鸟类翅膀的工作原理和飞机的机翼一样，都利用流过翅膀的空气产生升力，但是鸟类翅膀的结构比任何一种飞机的机翼都复杂得多。在尾巴的帮助下，鸟的翅膀不但为飞行提供推进力，还可以掌控飞行的方向。鸟类可以改变其翅膀的形状，也可以调整翅膀同身

鸟类骨骼的重量可能不到其体重的5%，而其羽毛实际上可能更重一些。

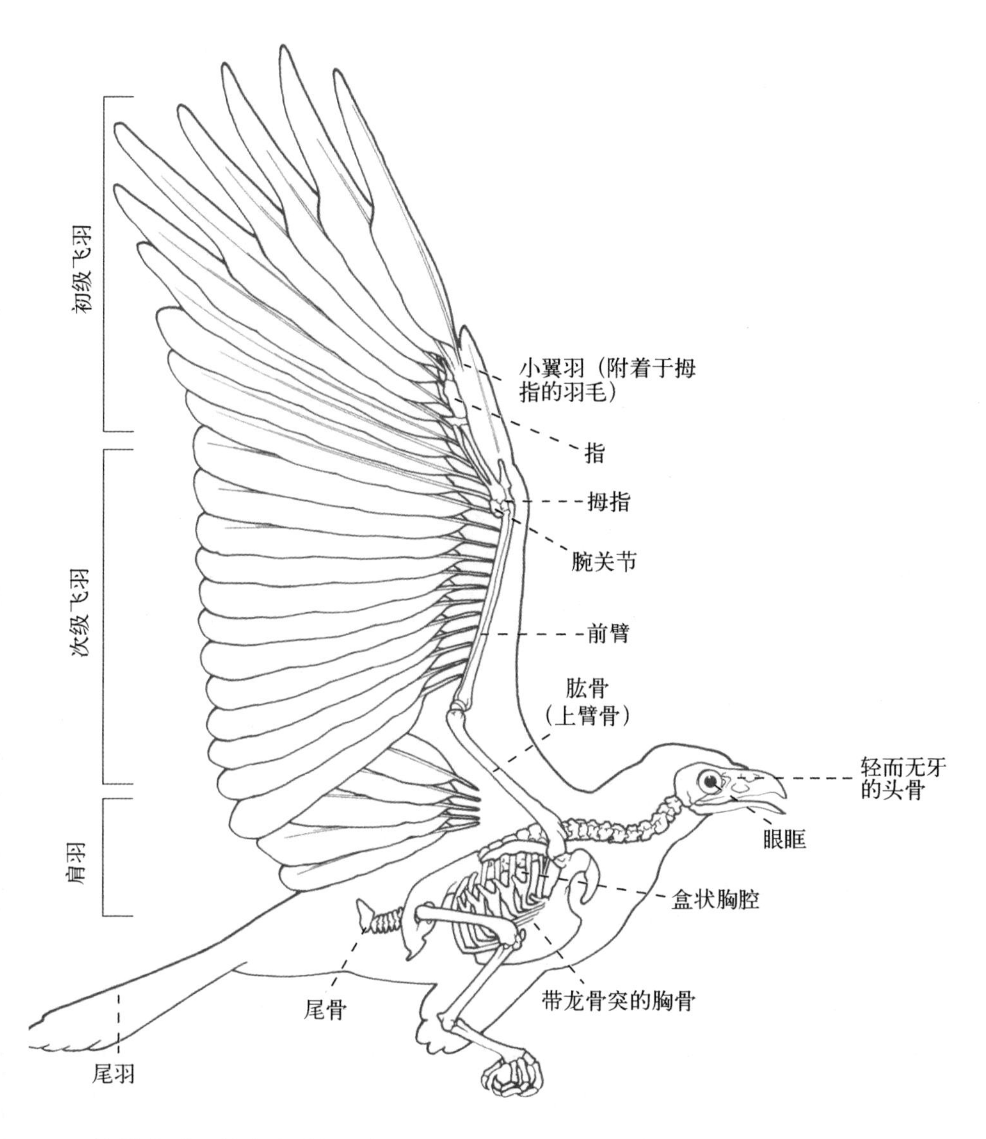

体的角度，使空气得以从羽毛之间流过去。我们很难精确地分析出鸟类飞行的时候它们的翅膀到底发生了什么变化。因为在拍动翅膀的飞行过程中，羽毛本身也会弯折或扭曲。

随着鸟类的进化，它们的体重逐渐减轻，以适应飞行的需求。鸟类身上的羽毛本身就很轻，随着时间的流逝，不必要的骨头都已经退化消失了，剩下的骨头大多也是空心的。空气会进入骨头的

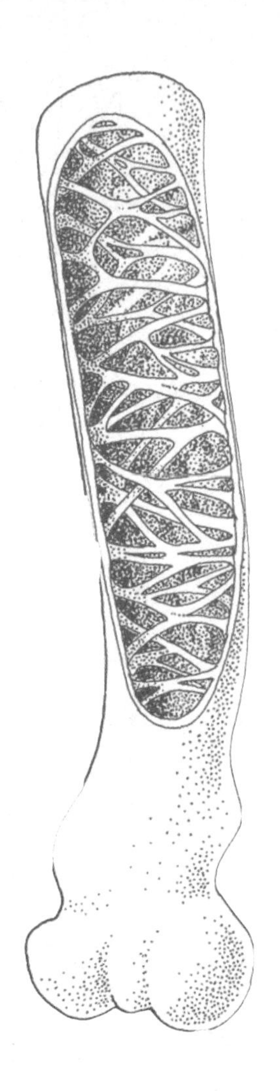

能动的羽毛（左图）

羽毛的形状和伸展情况可以根据不同的飞行方式而变化。在图中这种机动飞行的过程中，初级飞羽扭曲着打开，尾羽则是展开的。

空心的骨头（右图）

为了达到减轻重量的目的，很多鸟类的骨头是空心的圆柱形，里面有纵横交错的小支柱来加固。

空腔，可能还是呼吸系统的一部分。骨头里有很多纵横交错的小支柱，它们可以提供承受外力的力量。总而言之，这些骨头都相当轻。

在鸟类的骨架中，脊柱中的一些骨头已经融合，用来连接它们的韧带和肌肉都退化了，这是减轻重量、增强力量的又一个好办法。每一根肋骨都有一块突起，与下一根肋骨重叠，这样鸟类的胸部就得到了加固。鸟类的躯干部分形成了一个又坚固又轻巧的盒子，上面长着翅膀、腿和灵活的脖子，而翅膀在鸟全身的重心之上。

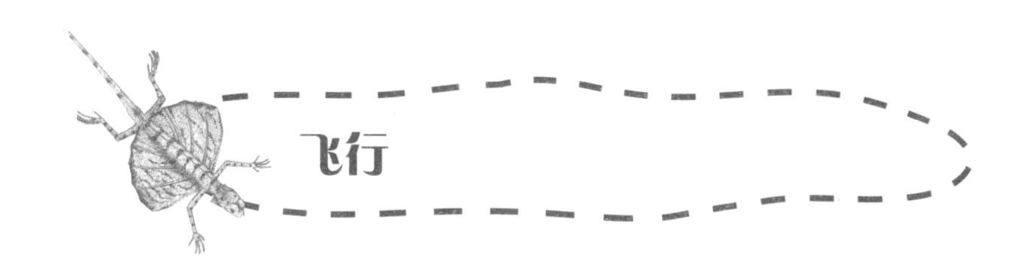

飞行

鸟类的主要飞行肌肉有两块：外侧较大的是胸大肌，内侧的是胸小肌。当胸大肌收缩时，翅膀向下扇动；当它放松时，胸小肌收缩，翅膀就抬起来了。但是胸小肌长在翅膀的下面，为了把翅膀抬起来，肌肉末端的肌腱要穿过肩带的缝隙，翻转后，固定在肱骨的上端。肩带的上端对于肌腱来说，起到了滑轮的作用。这两块胸肌的下端都固定在胸骨上。鸟类巨大的龙骨突为它们提供了较大的附着区域。胸肌是鸟类身上最大的肌肉，大约占身体重量的15%；对一些更健壮的鸟类来说，胸肌可能占到体重的20%。鸟类的胸肌效率极高，因为鸟类的大心脏跳得很快，可以给它们提供很多新鲜血液，肺部也可以提供很多氧气。鸟类飞行的过程中，胸肌产生的动能是人类肌肉的十倍甚至更多。

沿着翅膀，鸟类长有一些小块的肌肉，可以控制关节的折叠和弯曲。给翅膀提供动力的肌肉位于胸部，影响前肢和最接近身体的部分，所以飞行时沉重的肌肉就不必随翅膀扇动而摆动。

要想飞得快，保持流线型的身躯非常重要。鸟类的脚要折起来藏在身体下面，廓羽要使脖子、翅膀和身体连接的地方变得更平滑。有些鸟类没有完美的流线型身体，如鹤虽能够飞行很长的距离，但是当它飞行的时候两条长腿向后伸展，达不到很好的流线型，所以飞行速度也无法很快。

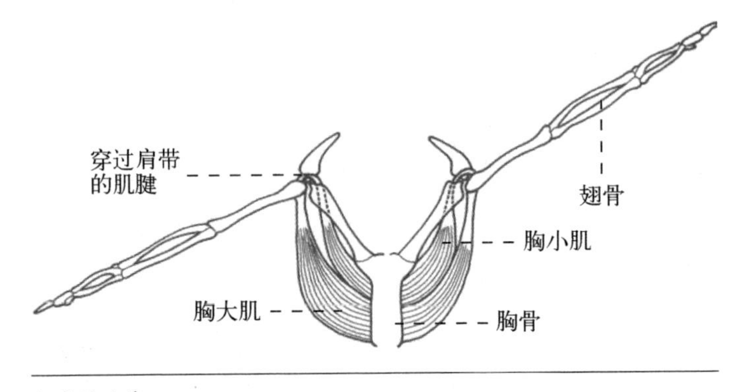

翅膀的动作

翅膀向下扇动时，胸大肌收缩；翅膀向上抬起时，胸小肌收缩。

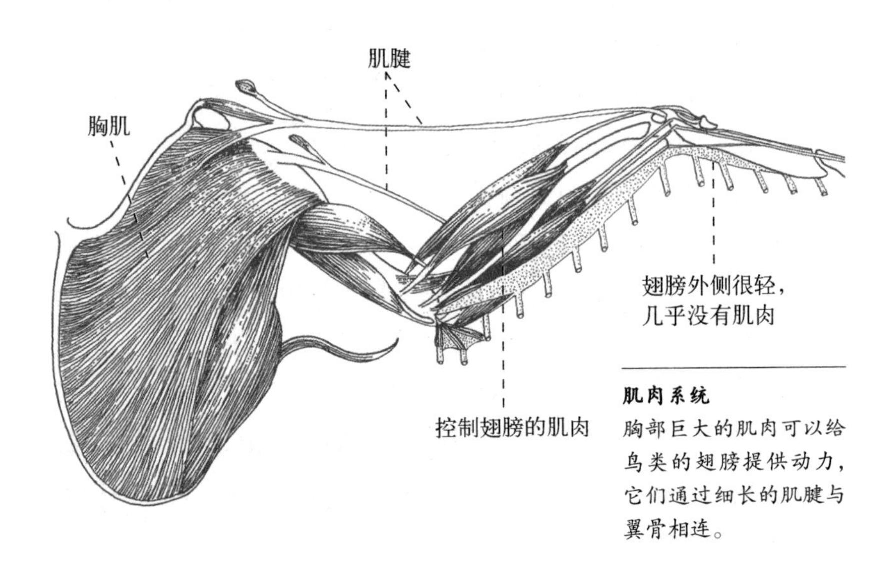

肌肉系统

胸部巨大的肌肉可以给鸟类的翅膀提供动力，它们通过细长的肌腱与翼骨相连。

虽然飞行很复杂，但是对鸟类来说，这好像是天生的，用不着学习。实验表明，在正常雏鸟长出飞羽之前都不让它们张开翅膀，它们也能在长成后飞起来，而无需练习。有人曾观察到，潜水海燕第一次离开鸟窝就能飞行10公里。

知识窗

疣鼻天鹅的翅膀面积有6 800平方厘米，而一只红玉喉北蜂鸟的翅膀面积只有12.4平方厘米。

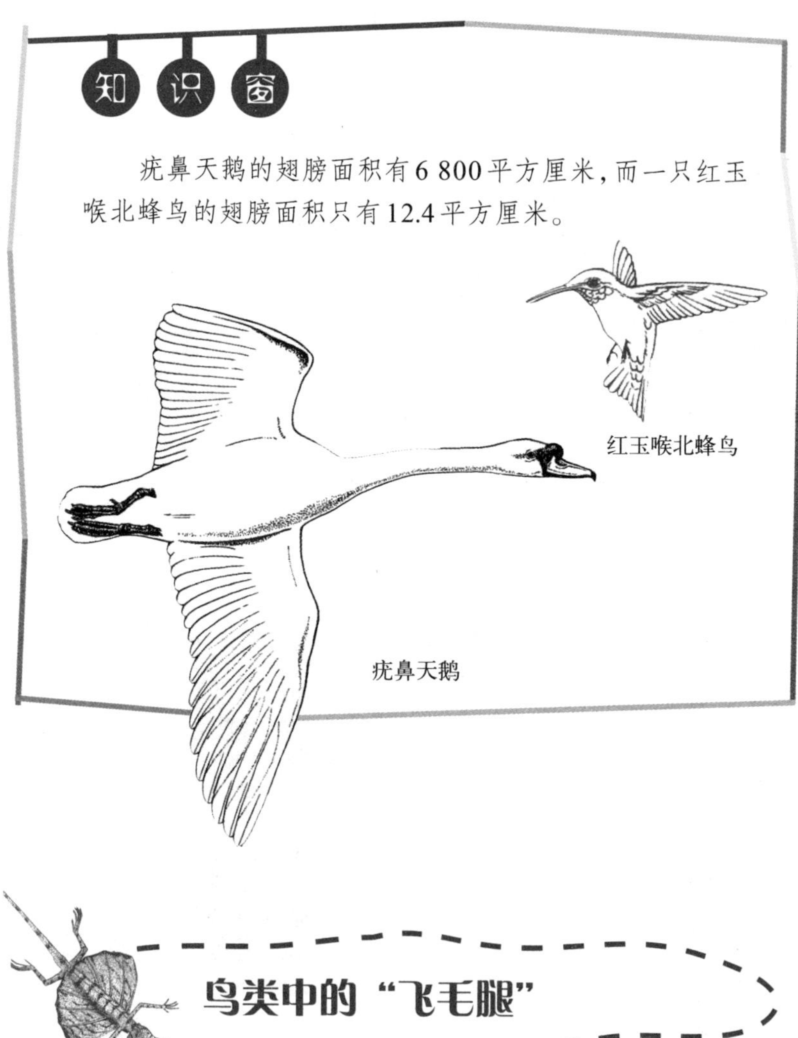

鸟类中的“飞毛腿”

野鸟的飞行速度很难测量，如果它被圈养着或受到控制，就不会像在野外那样飞行。鸟类最快能飞多快？人们对这个问题争论不休。人们经常引用的数据是亚洲针尾雨燕的水平飞行速度达每小时

很多飞得快的鸟像高速飞机一样用狭窄的可向后倒转的翅膀飞行。这种翅膀的形状可以减少阻力，和那些生活在树林里的鸟类更宽大、更圆的翅膀形成鲜明对比。因为对快鸟来说，飞行的机动性要比直线速度重要得多。快鸟的翅膀上一般会在翼面形成拱形向翅尖缩窄。

171千米，但是有很多鸟类学者怀疑这项数据的准确性。同时，尽管游隼在俯冲的时候（也就是它合起翅膀扑向猎物的时候）速度被认为可以达到每小时354千米，但是科学家认为这一速度的一半可能更接近鸟类实际速度的最大值。不过，它可能仍然是飞得最快的鸟。

俯冲的游隼
游隼水平飞行时的速度已经很快了。当它合拢翅膀冲向猎物的时候，速度还能更快。

白喉针尾雨燕
它飞得很快，可或许并不像我们原来想象的那么快。

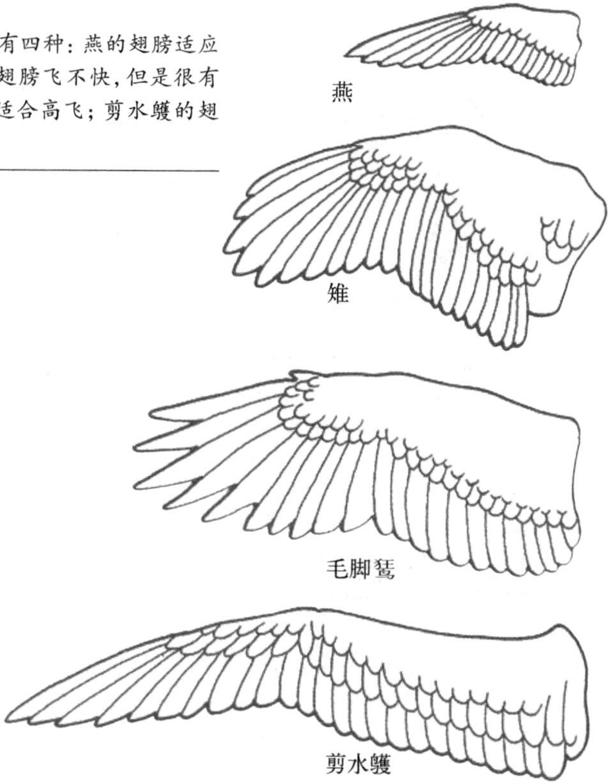

翅膀的形状

最基本的翅膀形状有四种：燕的翅膀适应于快速飞行；雉的翅膀飞不快，但是很有力；毛脚鵟的翅膀适合高飞；剪水鹱的翅膀适合滑翔。

燕

雉

毛脚鵟

剪水鹱

很多鸟类平时都有一个在天空巡航的速度，但也有一个可以在紧急情况下切换的“挡位”，以躲避敌害或捕捉猎物。很多小型栖禽通常飞得较慢，但必要时，它们的飞行速度也可达到每小时53千米。鸟类中著名的飞毛腿有游隼、鸽子、野鸭和一些涉禽。雨燕(swift)平时的飞行速度并不算特别快，尽管在英文中它的名字是敏捷迅速的意思。大鸟的飞行速度一般比小鸟快，但是有时候也有例外。

在天上飞的速度和在地上跑的速度总是不一样的。风可能对着鸟儿吹，也可能顺着鸟的飞行方向吹，甚至从侧方吹来。鸟类好像可以通过加大飞行力度来抵消逆风给它们带来的影响。

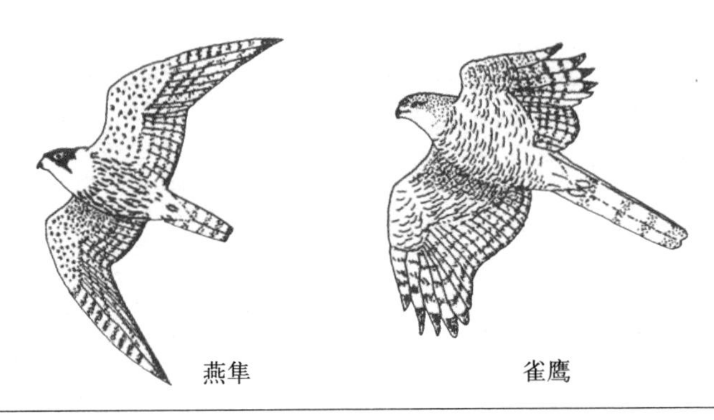

对比图：飞得快的鸟类的翅膀和林栖鸟类的翅膀
燕隼的翅膀又长又尖，专门适应于快速飞行。雀鹰的翅膀是圆形的，它飞得没那么快，可是在树木间或其他障碍物前的机动性很好。

知识窗

飞行绝不只是拍打翅膀那么简单，鸟类还要考虑风和其他气流对它们飞行产生的影响。有时，鸟类可以利用气流达到非常高的飞行效率。一只非洲兀鹫曾被一架轻型飞机跟着飞行了76千米，平均速度达到每小时47千米。可是在这个过程中，它的翅膀一下也没扇动过，它借助热气流以获得飞行的高度。

一些鸟类的飞行速度:	
赛鸽	每小时71千米
斑尾林鸽	每小时61千米
雁	每小时55千米
银鸥	每小时39千米
蓝山雀	每小时29千米

悬在空中

> 那些食肉鸟类，如秃鹰和鹳，极善于以最小的力量在天空中懒洋洋地翱翔和盘旋。

擅长高飞的鸟类翅膀都相当长，也相当宽，在翅膀的上翼面有一道深深的弧。翅膀不会笔直向翅尖延伸形成一个尖点，而是相对宽大的翼面上长着很多独立的初级飞羽，羽尖之间有很大空隙。这些羽毛正是让它们翱翔的秘密。

如果翅膀的前端向上倾斜（形成大“攻角”），翅膀就能为飞行提供更多的上升力。可是如果角度太大，经过翅膀上方的气流就会脱离翼面形成湍流，导致升力减小。在某一平衡点上，湍流使升力急剧减少，鸟故而失去了支持，会失速并开始往下掉。一只擅长高飞的鸟，它的小翼羽（即长在拇指上的羽毛）会和主翼的前端分开，留下一个小小的缺口，气流可以很快地从这个缺口穿过，然后流过主翼的翼面而不形成湍流。那些长长的初级飞羽就像是一系列小机翼，之间的空隙使空气容易地通过。如果翅尖是实心的，就会形成湍流，继而引发更大的麻烦。

羽毛与羽毛之间有缝隙的初级飞羽和小翼羽，有助于让翅膀出色地低速飞行，也可以为一只大鸟提供足够的上升力。这样的翅膀还可以为鸟类提供很好的机动性。

安第斯神鹫

这种鸟有适应于高飞的巨大翅膀。在其飞行时，可以很容易地看到它初级飞羽之间防止湍流形成的羽隙。

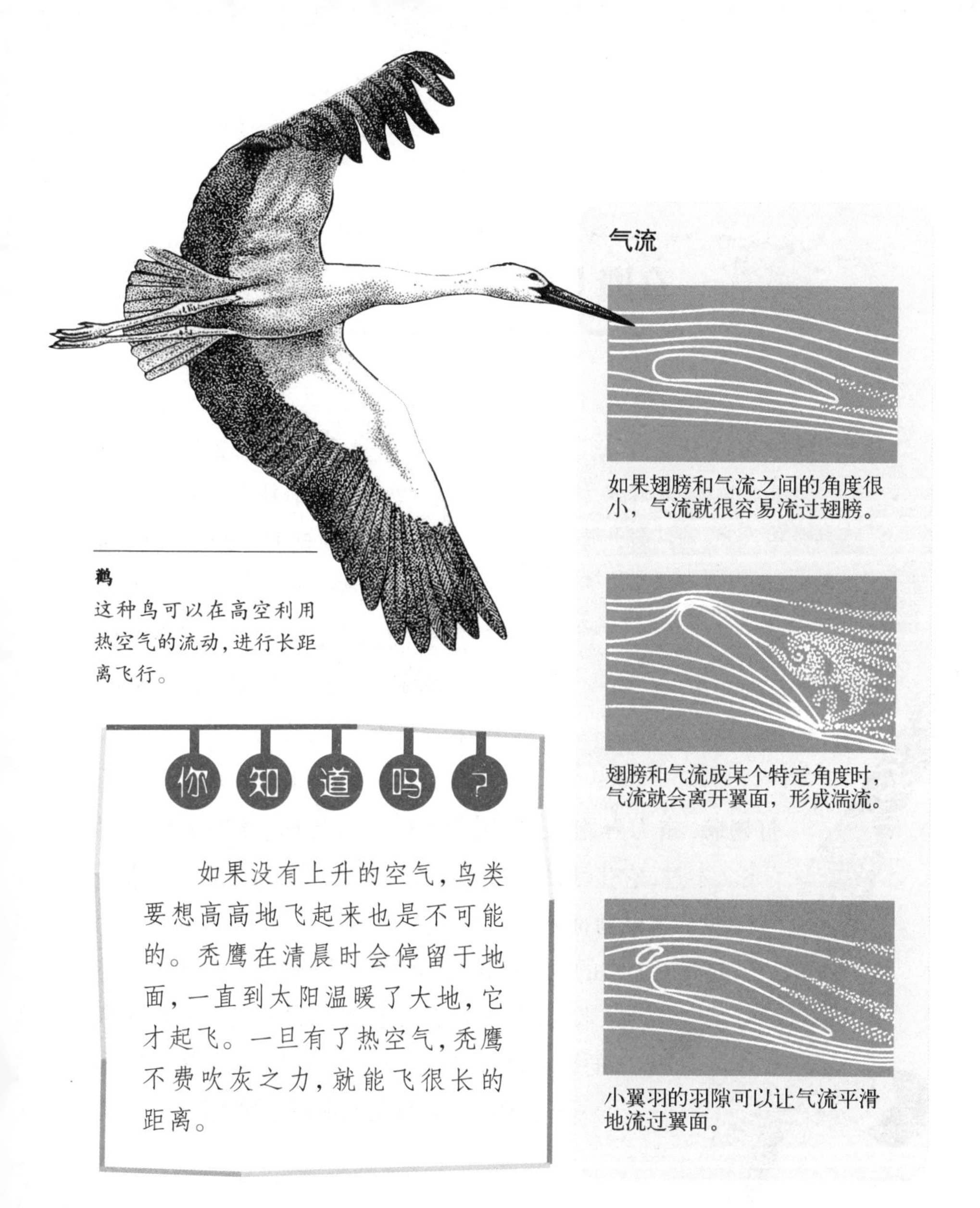

鹳
这种鸟可以在高空利用热空气的流动，进行长距离飞行。

气流

如果翅膀和气流之间的角度很小，气流就很容易流过翅膀。

翅膀和气流成某个特定角度时，气流就会离开翼面，形成湍流。

小翼羽的羽隙可以让气流平滑地流过翼面。

你知道吗？

如果没有上升的空气，鸟类要想高高地飞起来也是不可能的。秃鹰在清晨时会停留于地面，一直到太阳温暖了大地，它才起飞。一旦有了热空气，秃鹰不费吹灰之力，就能飞很长的距离。

像秃鹰这样擅长高飞的鸟，经常在空中寻找那些可以和自己落下速度相抵消的快速上升的气流。令人吃惊的是，一只鹳在高飞的时候，只需要用平时5%的能量来拍打翅膀。

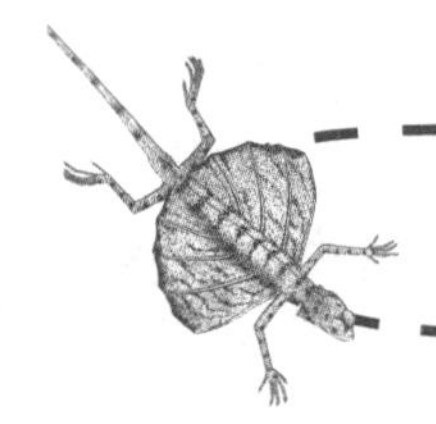

在海上侦查

有几种鸟类，如海鸥、海燕，尤其是信天翁，可以利用海上风的能量，在海面上滑翔。这些鸟的翅膀又长又窄，翅端很尖，没有慢速飞行的鸟翅膀上常见的羽隙。

信天翁翼展有2米甚至更长，漂泊信天翁从翼尖到翼尖的距离可以达到3.25米。它的翅膀又长又窄，可以为它提供很多上升力，而且没有什么阻力。信天翁是很大的鸟，体重可达8.5千克。在无风的天气里，它就很难飞起来了。信天翁要猛烈地拍打翅膀，奋力奔跑，还要用脚不断拍打地面，才能艰难地起飞。不过，它生活的地方总是有很大的风，风平浪静则难得一见。紧贴海面吹来的风由于受到海水和波浪的阻力，比起海面上空的风，速度大大减慢。实际上，从海面到上空15米处，存在一个风速梯度，那里的风不再受水的影响，所以风速不会被减慢。正是风速之间的差异，才让信天翁能像现在这样飞行。

大鹱

这种鸟善于用又长又尖的翅膀在海面上滑翔。

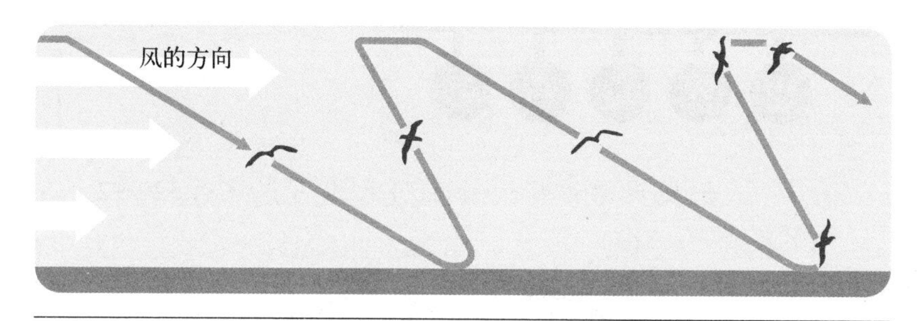

信天翁的飞行模式

这种鸟在风中获得高度，转而在顺风飞行的过程中靠降低高度来获得速度。

信天翁顺风飞行，逐渐在空中下沉。它的速度很快，可达每小时55千米甚至更多。当它接近海面的时候，就会钻进风里，从而飞得更快。当风穿过它长长的翅膀，就可以给它提供足够的升力。这样，信天翁就开始上升了。它飞高之后，风力则会变强，这时它的速度就会减慢。到了大约15米的高度，它临近失速点，然后再次转为随风飞行，借着下降来提高速度。信天翁不断重复这一过程，不断地将动能（由运动速度产生的能量）转化为势能（由高度产生的能量），再将势能转化为动能。信天翁会因为运动时产生的摩擦

漂泊信天翁

这种鸟把它一生的大部分时间都花在了海面上，在接近海面的风中滑翔。

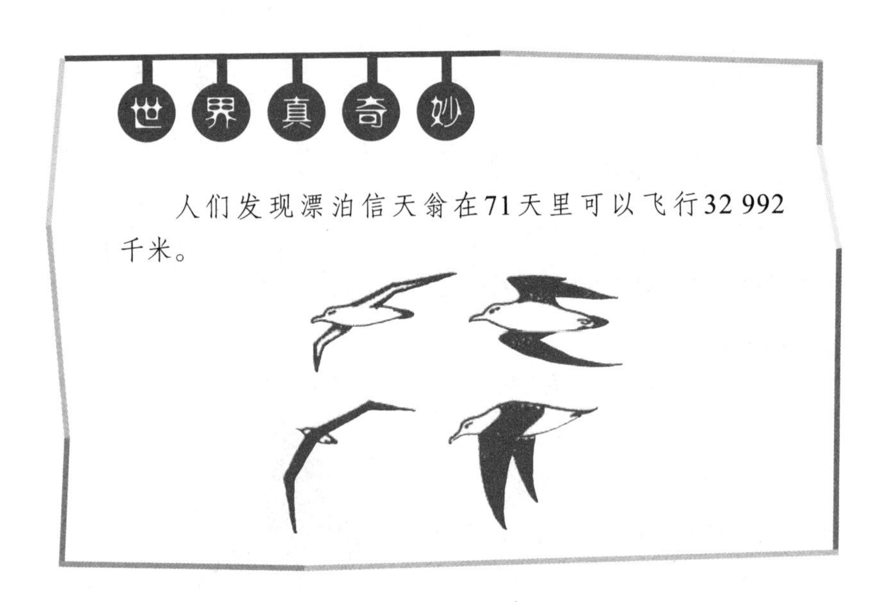

和热量而损失一些能量，这种消耗是不可避免的，但是风会不断地给它补充新的动能。这样一来，信天翁就可以一连几个小时不拍打翅膀地飞，其间只需要对飞行的方向做一些小小的调整就行。

一年中的大部分时间，信天翁都生活在海上，只为求偶和筑巢而来到陆地。它们靠吃表层海水中的磷虾、鱼、乌贼为生。

在空中悬停的鸟

有些食肉鸟类，比如说红隼，可以在流动的空气中悬停于某一处。它们微微拍动翅膀，并通过仔细调整翅缘来保持这种状态。不过，真正的悬停高手还要数三百多种蜂鸟。

很多鸟可以在空中的某一点悬停，哪怕时间很短暂。对大多数鸟类来说，这个动作就像看起来一样费力。

蜂鸟可以完全在同一个位置上悬停，或者像一架小直升机一样在同一高度前后移动。这种本领很实用，因为这样它就可以准确地把自己的管状喙伸到花心里去吸食花蜜。蜂鸟的舌头也是管状的，可以伸出来吸食花蜜。

蜂鸟的翅膀与众不同，其大部骨头由“手”骨构成。腕部的骨头可以让翅膀大幅度旋转。翅膀在水平方向上的扇动，形成了一个“∞”字形。当它的翅膀向上抬到尽头的时候，就会翻转过来，在向后扇动时被倒置。在这两个方向上，翅膀都能产生升力。这个过程太快了，翅膀看上去都是模糊的，不过我们可以听到它们发出的嗡嗡声，而这也是蜂鸟命名的由来。蜂鸟拍打翅膀的频

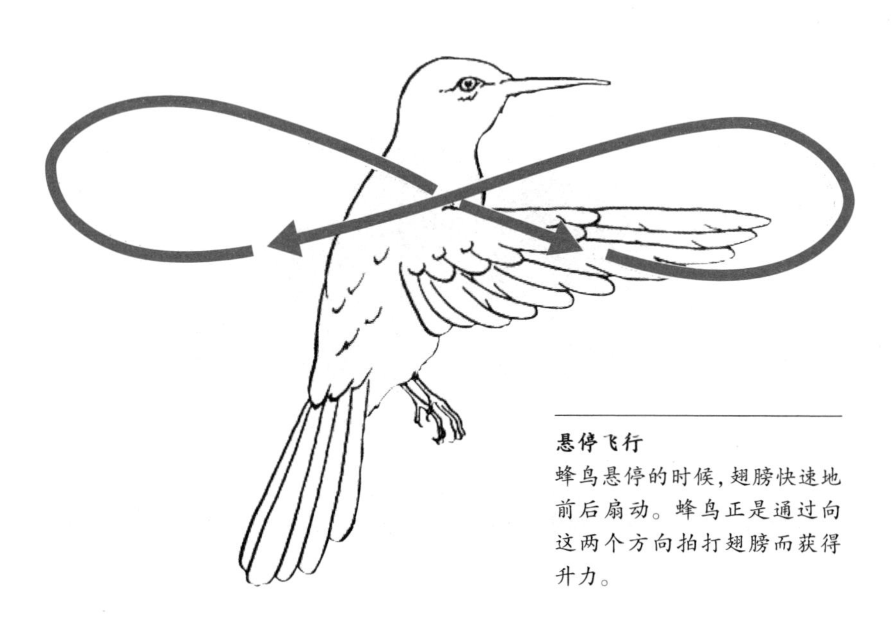

悬停飞行

蜂鸟悬停的时候，翅膀快速地前后扇动。蜂鸟正是通过向这两个方向拍打翅膀而获得升力。

进食
这只蜂鸟先是悬停，然后逐渐向花朵靠近，准确地把喙插入花心里。

率在每秒22次（大型蜂鸟）到每秒80次（小型蜂鸟）之间。在一些快速机动的过程中，比如在求偶飞行中，蜂鸟每秒钟拍打翅膀的次数可以达到200次甚至更多。

翅膀的运动

这些都是蜂鸟悬停时候做出的动作。

蜂鸟有着惊人的机动性，有些蜂鸟的速度可以达到每小时72千米。所有蜂鸟都比燕子小，而且大多数都比燕子小得多。最小的蜂鸟是吸蜜蜂鸟，从喙尖到尾尖只有5.7厘米长，翼展不到10厘米长，体重只有1.6克。

蜂鸟飞得非常好，而且飞行的精确度非常高，以至于它们基本上用不着走路。这样一来，它们的小脚更为退化，只有栖息的作用。有些种类的蜂鸟非常好斗，它们会守卫着一小片花丛，甚至不让其他的同类靠近。蜂鸟间会以惊人的精力互相追打。很多蜂鸟求偶时会有壮观的求偶飞行，比如说，雄性艾氏煌蜂鸟求偶的时候会从30米的高空向雌性蜂鸟俯冲，光彩夺目的绿色羽毛就像在空中划过一道闪电那样耀眼。

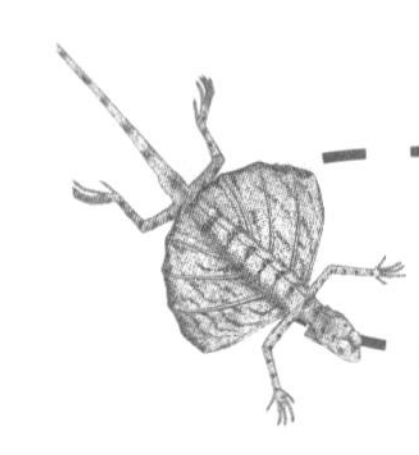

空中求爱

对鸟类这样飞行和视力如此重要的动物来说，许多种类都有与求偶有关的飞行表演也不足为奇。鸺鹠就以飞快的空中追击拉开其求偶飞行的序幕。

雄性云雀高高地飞上云端，一边飞，一边唱着歌。这种表演不是在标记领地，而是为了吸引那些潜在的配偶。一些鹰和鸽子想要“广告征婚”的时候，也会用很夸张的姿势飞行。

有些种类的鸟则要突显自己超凡的飞行技术以取悦潜在配偶。它们可能飞得很快，也可能进行特技飞行。一对新近求偶成功的燕鸥会在雄燕鸥的带领下高飞至几百米的空中，继而滑翔而下，互相追逐。在红鸢和非洲海雕的

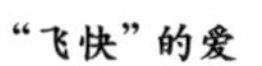

“飞快”的爱

一只雄性美洲夜鹰飞快地朝地面上的雌性夜鹰俯冲，即它们求偶表演的一部分。

精力充沛的爱
这对海雕抓住对方的爪子。这种特技表演是它们求偶仪式的一部分。

求偶飞行中可以看到翻滚表演，一方在空中倒立，抓住对方的爪子。有时，在这一过程中，它们还会交换食物作为礼物。夜鹰的求偶飞行也非常特殊，如美洲夜鹰在求偶的时候，雄夜鹰会飞快地从高空俯冲向停在地面上的雌夜鹰，到雌夜鹰正上方又立即折返冲向空中。翻滚的气流经过翅膀的羽毛，可以增加俯冲的视觉效果。在非洲的标准翼夜鹰中，每只翅膀上都有一根特别长的初级飞羽，这根羽毛有一根长而柔韧的羽杆，末端有结成旗状羽片的羽支。当雄夜鹰在雌夜鹰上方盘旋的时候，这些特殊的羽毛会在翅膀上飘动，异常惹眼。赢得了雌夜鹰的芳心之后，雄夜鹰就会啄去这些长羽毛，直到下个交配季到来，它们才会再次生长。

涉禽中，也有很多会进行求偶飞行表演的种类：鸻会在空中扭转、翻滚、俯冲而向雌性求爱，鹬则有更仪式化的求偶飞行表演。

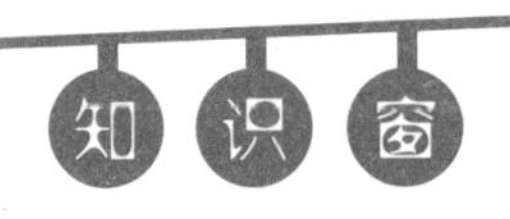

鹬是一种常见的涉禽，它在飞行表演中加入了“独家配乐”。它尾巴上两根靠外侧的羽毛有着特殊构造，使其可在特定空气流速下振动发声。鹬俯冲时和地面成45°角，速度达到每小时69千米时尾巴会像扇子一样展开，尾巴上的羽毛就会发出可以传得很远的咚咚的响声。

鹬

在热带雨林里，树上通常一年四季都开着花、结着果。但这样的树不太会大批出现，因为这样会引来鸟类长时间停留并大快朵颐。

更常见的情况是，它们三三两两地分散在森林里，而由觅食的鸟类去寻找。很多吃果实的鸟成群结队地飞行，它们通过鲜艳的羽毛和喧闹的叫声来分辨同类、保持联系。如果哪个伙伴在森林里找到了成熟果实，它们就一起飞快地飞去吃。有些时候，不同种类的鸟也可能组成一个混合小分队，一起穿越丛林，停在某一棵特定的树上狼吞虎咽。一直到那棵树上的果实被吃得一干二净，它们才一起飞向下一棵树。这些鸟中的多数在树冠层或在树冠之上飞行，那样会比在树枝间更容易和同伴保

只有在热带和亚热带地区，才会一年四季都有水果，而有一部分鸟类才会专食水果。很多不同科的鸟类在进化过程中适应了这种生活方式，它们一般都有着这样的特征：光彩夺目的羽毛和吵吵嚷嚷的大嗓门。

托哥巨嘴鸟

这种鸟长着巨大的喙，用以采集果实。

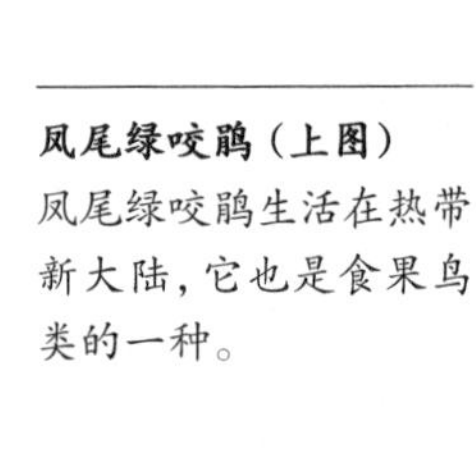

凤尾绿咬鹃（上图）
凤尾绿咬鹃生活在热带新大陆，它也是食果鸟类的一种。

果鸠（下图）
果鸠有很多品种。它们大部分生活在东南亚，有些生活在太平洋的岛屿上。

鸟类需要以果树为生，而果树也需要鸟类。鸟类吞下水果，只能消化果肉，但无法消化果肉里的种子。这些种子可能会被鸟类吐出来或是随粪便排出，这样就可以被带到森林的各处去生根发芽。

持联系，可能也更容易发现下方的果实。

以水果为食就没有必要飞得那么快，也没有必要飞得很隐蔽。然而，成为强壮的飞行者仍然对食果鸟有益，这样它们就可以在丛林里轻松飞过果实繁茂的树木之间的一大段距离，比如一些食果的鹦鹉和果鸠那样。美洲热带地区的巨嘴鸟、亚洲和非洲热带地区的犀鸟是两种大型食果鸟类。这两个科虽然不是近亲，但在某些方面却显示出有趣的相似之处，比如：它们都喜欢聚成一小群，吵吵嚷嚷地飞过森林；它们的喙都非常大，有多种用途，其中一个很重要的作用就是使它们能坐在树枝上，伸爪子去摘长在支撑不了其重量的细枝上的水果。尽管这些鸟的喙很大，重量却很轻，不会成为它们飞行的负担。

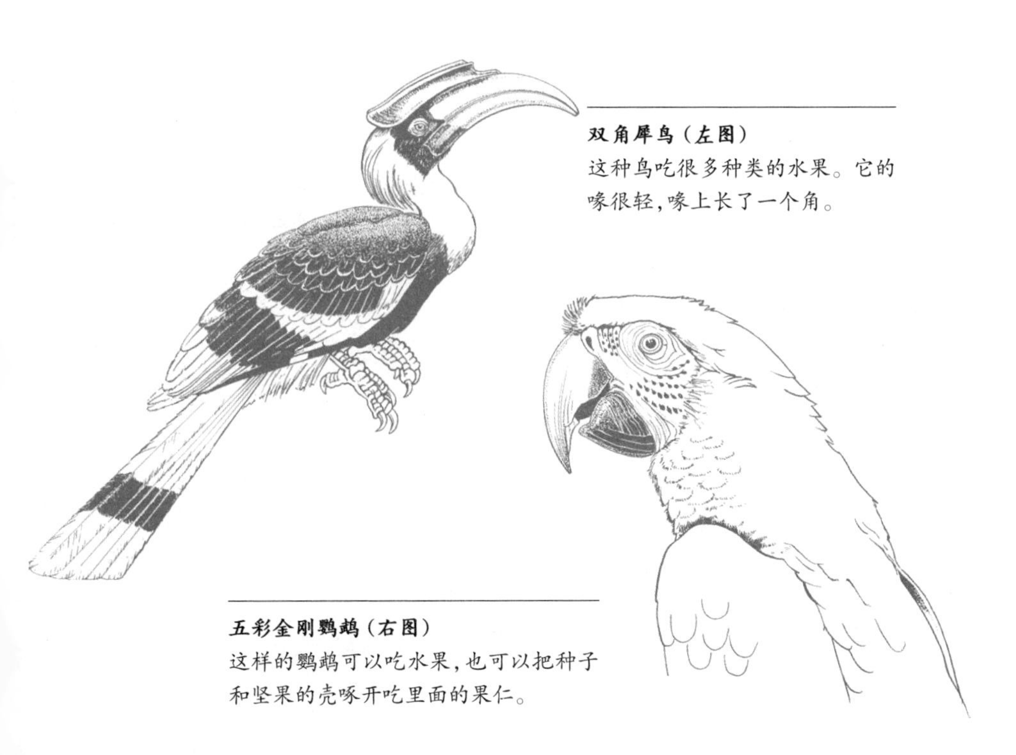

双角犀鸟（左图）
这种鸟吃很多种类的水果。它的喙很轻，喙上长了一个角。

五彩金刚鹦鹉（右图）
这样的鹦鹉可以吃水果，也可以把种子和坚果的壳啄开吃里面的果仁。

捕食昆虫

昆虫是鸟类最常见的食物，现代鸟类的进化可以部分概括为它们适应了以类型众多的现代昆虫为食。而这些昆虫则是随着种子植物发展起来的。

即使是那些以谷物和果实为食的鸟类也常常给它们的幼鸟喂昆虫吃，因为昆虫是优质的蛋白质来源。有些鸟在地面上寻找昆虫，有些鸟则在树叶和小树枝上找，还有很多不同种类的鸟能在空中捕捉飞虫。

林鸱（左图）
这种鸟的喙可以张得很大，在飞行中捉虫子。

捕蝇鸟（右图）
这种鸟拦截昆虫后会带回栖息处去吃。

捕蝇鸟捕食昆虫的方法如教科书一般经典。鸟儿居于视野开阔的突出栖枝，等待飞虫进入狩猎范围。等昆虫来了，它就起飞，在飞行中抓住虫子，再飞回栖枝吃掉它。鸟儿不断重复这个过程以填饱肚子。鹟鸲也喜欢站在栖枝上寻视空中，有时它甚至从地面冲上天空去追捕猎物。这种寻视、捕捉的技术是世界上很多鸟类共有的捕食本能，包括南美的鵎鵼和加勒比海的短尾鴗。

短尾鴗
这种鸟长着食虫鸟典型的尖喙。

伯劳鸟采用了这种技术的另一个版本。它有时候在半空中捉猎昆虫，但在大多数情况下它会飞向地面追逐昆虫或者小型脊椎动物。当它回到原来的栖枝上时，会把猎物穿在树枝的硬刺上，建一个小食品库，留着以后慢慢享用。林鸱是一种夜行性的鸟类，与生活在南美洲的夜鹰有亲缘关系。它们通常在树桩上栖息，身体的颜色和花纹在白天为它们提供了完美的伪装。晚上，它们从栖息的树桩上飞起来，去捕捉飞蛾和甲虫。

食蜂鸟
这种鸟追捕的猎物很危险。

食蜂鸟有时也吃其他种类的昆虫，不过鸟如其名，它的主要食物是蜜蜂。这种鸟先在栖枝上观察猎物的情况，然后飞出去用它的长喙从下方拦截蜜蜂。它会聪明地让蜜蜂的刺远离自己，继而飞回它的栖枝。它在树枝上敲打并摩擦蜜蜂的腹部，直到蜜蜂的刺和毒囊都掉了为止。这时，这只蜜蜂便可以安全食用。当食蜂鸟哺育幼鸟的时候，每天可能要重复这个过程两百多次。

伯劳鸟

这种鸟把昆虫和小蜥蜴穿在硬刺上，进行食物储藏。

捕捉空中的“浮游生物”

夜鹰主要生活在温暖的地区，有些种类会在夏季迁徙到温带地区。它们需要不断地进食昆虫，于夜间飞行时捕捉。它们的羽毛柔软，飞行的时候通常很安静。它们的喙很大，周围长了一圈刚毛。它们的嘴可以张得很开，这样就给昆虫布下了一个陷阱，可以吞下一只大飞蛾，也可以从一群蚊子中扫走满嘴。有些证据显示，它们或许能用回声定位寻找食物。

在渐渐降临的夜幕中，一只长翅鸟静静地飞过天空，追赶着虫子。它跟着一只飞蛾斡旋、急转，最终追上它的猎物，合上它的嘴。一只夜鹰此时找到了今夜的第一顿美餐。

捕食

一只夜鹰猛地把一只飞蛾吞进它的大嘴。

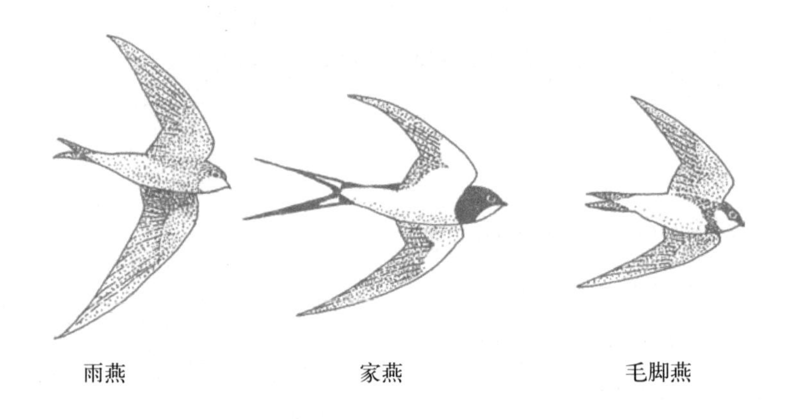

燕子是我们熟悉的日间飞行者，它们也要在空中寻找食物，因而常常在昆虫聚集的地方逡巡。盛产果实、适合捕猎的地方往往靠近水源。燕子的身体呈流线型，其机动性尤佳。它们的喙很短，却

家燕
这种鸟经常在水面上低低飞过，猛地咬住昆虫。

可以张得很大。燕子能捉到多得数不清的小飞虫，捕猎时不同种类的燕子会分享那些潜在的食物。在燕子和毛脚燕一起捕食的区域，毛脚燕会捕食蚜虫和小苍蝇，而燕子会捕食大蝇。当燕子哺育幼鸟的时候，它们必须捉到大量昆虫并把它们压成一个小团，然后再带回巢里去。一对燕子一天可能要带回几百个这样的小团，而其中正是成千上万的小飞虫。

高山雨燕

这种大鸟飞得很快。一群雨燕飞过天空时，会边飞边叫。

雨燕是最擅长高空飞行的鸟类，它们不是燕子的近亲，而是蜂鸟的近亲。雨燕和蜂鸟一样，脚都很小，所以除了在自己的巢里，它们很少栖枝。雨燕整天都在飞，晚上它们也会飞上高空，在飞行时睡觉。除了繁殖季节，它们或许从不定居。根据计算，一只雨燕在长出羽毛以后会飞行50万千米，两年后才会着陆繁殖。它们短而宽阔的喙可以帮助它们在飞行的过程中捕捉虫子作为能量。

像燕子一样，雨燕也用团成小球的昆虫来哺育幼鸟。如果食物匮乏，小雨燕的体温会迅速下降，体重也会在一周左右的时间持续减轻。直到生存条件开始改善，它们才能恢复正常的生长。

无声飞行

几乎所有猫头鹰都在夜间捕食。它们的眼睛很大，视力很发达，这样的眼睛让它们看上去好像很聪明，可是实际上它们的智力并不出众。它们的感觉器官，也就是眼睛和耳朵，才是它们成功捕猎的秘诀。

猫头鹰的眼睛对微弱光线的敏感度是人类的三倍，它们在夜间能看得更清楚。它们的眼睛是固定朝着正前方的，不过它们的脖子非常灵活。这双正视前方的眼睛可以帮助猫头鹰锁定猎物的位置，在它们出击时也可以很好地为其判断距离。即使天黑得看不清猎物，很多猫头鹰还是能够成功捕猎。这时，靠的则是它们的耳朵。它们耳朵的开口是头部两侧大大的裂缝（有些猫头鹰长着耳簇羽，看上去像耳朵一样，实际上并不是）。猫头鹰脸上都有羽毛长成圆盘一样，这些羽毛或许有助于把声音聚集起来，传进

飞行中的雕鸮
即使是翼展1.8米的雕鸮也能悄无声息地攻击猎物。

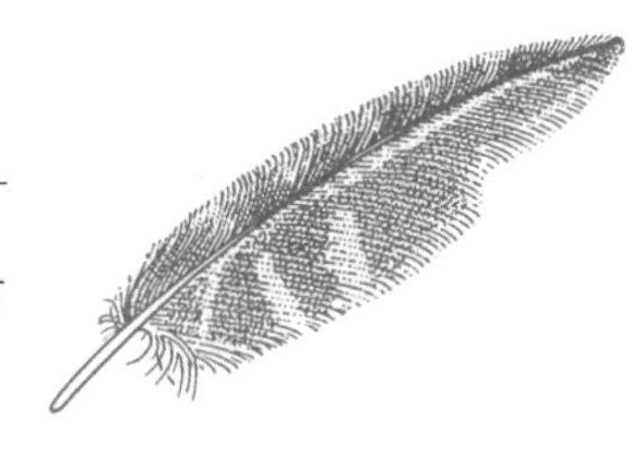

猫头鹰翅膀的羽毛
羽毛流苏般的边缘和光滑的表面可以使其在飞行中不会发出声音。

耳朵里。它们的耳朵尤其适合接收那些高频率的声音,比如老鼠等啮齿动物发出的叫声和窸窸窣窣的声音。

对猫头鹰来说,为了让听觉更有效地发挥作用,也为了能够偷袭猎物,自身保持安静是非常重要的。相对于它的体重,猫头鹰的翅膀通常很大,这使得它飞起来看上去不费力气,而且翅膀也不用扇得很快,以避免发出太响的声音。

猫头鹰能够无声飞行的另一个原因在于其飞行羽毛的构造。它的羽毛边缘有细密的流苏,羽毛表面像天鹅绒一样柔软,所以气流经过羽毛的时候才会非常安静。大部分猫头鹰飞行时都悄无声息,鱼鸮却特立独行,因为它们的猎物在水下,听不到水面上的声音。

生活在开阔地带的猫头鹰通常在飞行的过程中捕食，它们来回穿梭，直到找到猎物。有些昆虫飞着飞着就被吃掉了。发现一些栖息着的鸟和地面上的老鼠时，猫头鹰会静静地滑翔至目标所在，用大大的爪子抓住它们。灰林鸮则会停在树枝上，向下扫视地面，一发现美餐，就猛地扑下去抓住它。

捕捉猎物

灰林鸮观察着猎物，靠它的夜视能力锁定目标并攻击。

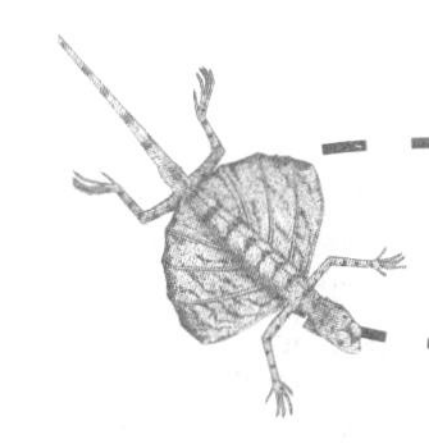

成群出动

很多结成鸟群的鸟类都以种子为食，它们的食物也许非常丰富，但只能在某些特定的地方才能找到。如果一只鸟找到了食物，在鸟群继续前进前，它的同伴也可以利用这些食物供应。这可能是一种比个体独自行动更高效

世界上约有半数鸟种会在生命的某些阶段结成鸟群。有时，不同种类的鸟还会混合成群、一起飞行，比如美洲林地间的山雀、美洲凤头山雀和白胸鳾。有时候，成群结队也有好处。

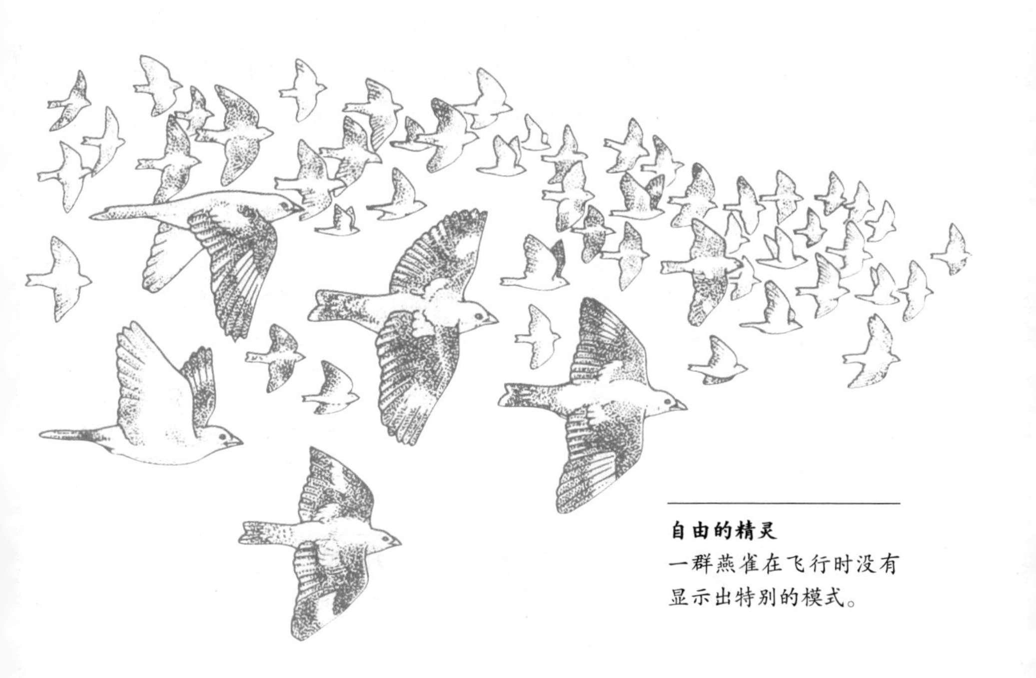

自由的精灵
一群燕雀在飞行时没有显示出特别的模式。

准备飞行
家燕聚集在电线上，组成了一个迁徙的鸟群，准备起飞。

的寻找和利用食物的方式。在一群食虫鸟中，有些鸟充当其他鸟的“打手”，把昆虫从它们的藏身处逼出来。

生活在群体中对于个体而言更加安全。有更多的眼睛和耳朵可以观察周围的动静，可以更好地保持警惕，也可以更快地发现麻烦。每只鸟都可以花更少的时间观察，而把更多的时间花在进食和其他活动上。一群飞行中的鸟可以迷惑天敌，使其难以挑出单

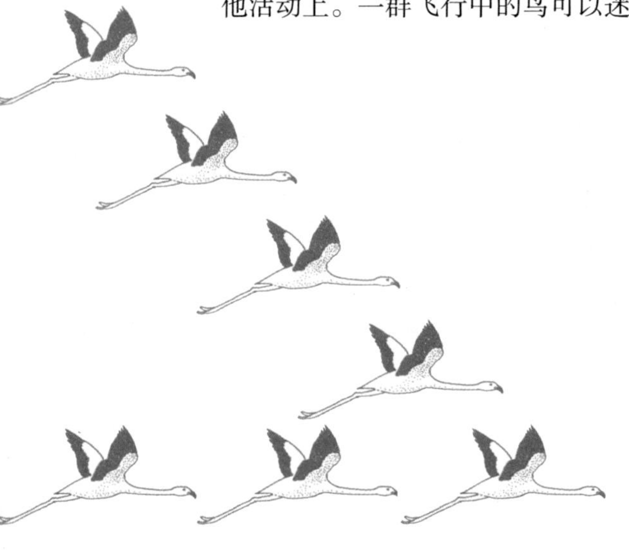

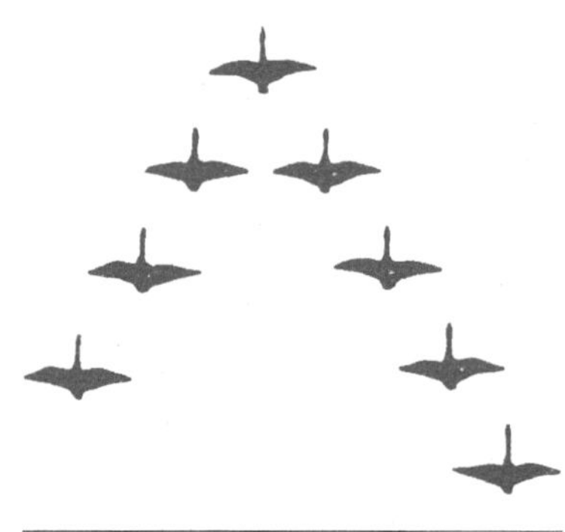

列队飞行
雁、火烈鸟等大型鸟类在组成鸟群飞行时，往往排成V字形以节省能量。

小型鸟类在飞行中不会产生足够的空气动力，因而不值得鸟群成员排列成V字形。小鸟的鸟群总是松散的。

个目标。被老鹰攻击的一群小鸟往往会聚集在一起，形成逃脱阵队。处在队伍中间的鸟儿会得到额外的保护。

很多平时独居的鸟，到了迁徙的时候也会聚成鸟群。这样做不但可以提供更多的保护，鸟群迁徙也可以有更多“领航员”，从而防止鸟群偏离正确的航线。

聚群飞行还有一个更深层的好处，那就是它们可以采用能够省力的飞行队形。在迁徙中，保存体力尤为重要。雁和鹤以V字队形成群飞行。扇动翅膀的时候，这些大鸟会在空气中制造巨大的涡流。这些涡流通常是能量损失的表现，然而，如果跟随的鸟正好处在滑流中正确的位置，那它就可以获得额外的上升力，节省飞行所需的能量。在漫长的旅途中，鸟儿以接力的方式前进。每隔一段时间就更换新的领头鸟，鸟群成员都会分担领头的额外压力。

第5章

会飞的哺乳动物

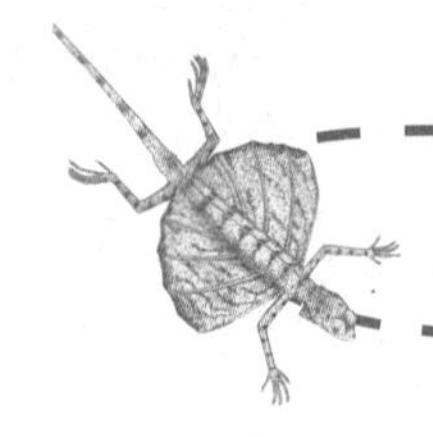

蝙蝠的进化

在哺乳动物中，蝙蝠是唯一真正会飞的种类。

蝙蝠是一个个体数量众多的哺乳动物群体，有近1 000个种类，仅次于啮齿动物。尽管如此，不同种类的蝙蝠，其体型及外形的差异比起其他哺乳动物的种间差异要小得多。这是其飞行习性带来的限制。最大的蝙蝠重约1.2千克，最小的蝙蝠体重约2克，多数蝙蝠体型很小。它们的饮食习惯差别倒相当大。

已知最古老的蝙蝠化石来自约5 500万年前。在蝙蝠进化的过程中，并不存在“缺失的环节”。它们显然早就是蝙蝠了，和它们的现代同类只在细节上有所差别，比如早期蝙蝠的牙齿更多。最古老的蝙蝠是在美国怀俄明州发现的，其中包括完整的伊神蝠标本。在德国和澳大利亚也发现了与它几乎同样古老的蝙蝠化石。小蝙蝠的耳骨表明，它们已经在采用回声定位来探路了。体型比较大的狐蝠好像是后来才进化出现的，

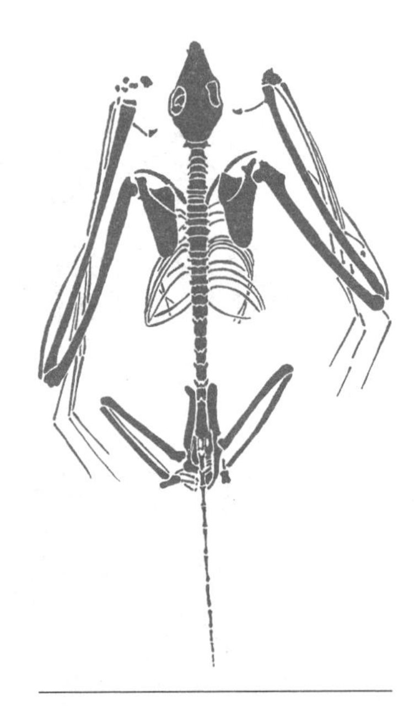

伊神蝠

这是一块化石，可以追溯至大约5 500万年前，是已知最早的蝙蝠。其翅膀和其他部分骨架都保存完好。

在法国，人们一共找到了5个科的蝙蝠化石，这几类蝙蝠繁衍至今。这些化石大约有3 500万年的历史，与如今菊头蝠属相似的蝙蝠已经在夜空中狩猎了。

马铁菊头蝠

小菊头蝠

在3 000万年前没有已知的狐蝠。有人认为，狐蝠（大蝙蝠亚目）和小蝙蝠亚目由不同的祖先进化而来。然而，这两大种类之间全面的相似性和DNA证据，都表明它们有着共同的祖先。

那么，蝙蝠的祖先到底是谁呢？它肯定是一种小型哺乳动物，喜欢在夜间活动，以昆虫为食。这并不让人意外，因为大多数早期

普通长耳蝠
这是一种典型的现代蝙蝠。不过，它身体和翅膀的基本模式还是很古老的。

哺乳动物都被这样描述。当然，在解剖和生化方面，蝙蝠和鼩鼱之类的食虫哺乳动物有很多共同特征。也许是一些早期的食虫动物开始爬树后，发现这样做有助于它们攻击会飞的猎物；又或许是滑行最终演变为真正的飞行。由于体型小，蝙蝠死后很难形成化石。即使是现有的那些化石也暗示，这个与众不同的物种可能早在恐龙时代就开始进化了。和它们的祖先一样，蝙蝠仍然保持夜间活动的习性，因此避免了和鸟类竞争，毕竟多数鸟类在日间活动。

蝙蝠的翅膀

> 蝙蝠的翅膀表面是由两层薄薄的皮肤构成的柔韧而有弹性的膜。一只小蝙蝠的飞行翼膜可能只有不到一厘米的厚度，但是其强度却令人吃惊。

蝙蝠的翼膜由臂骨和手骨支撑，还扩展到了踝部。有些蝙蝠的尾巴是自由的，但大多数蝙蝠的翼膜把后腿和尾巴连在了一起。蝙蝠踝部通常有一块支撑软骨能使翼膜自踝内侧伸展出来。

蝙蝠的翼膜中，有许多细小的血管，还嵌有许多弹性纤维和细小的肌肉纤维。这些纤维可以保持翼膜的紧绷，还可在飞行时微调其形状。蝙蝠的臂骨构造与人类相似，但掌骨却被大大拉长，每一根掌骨都几乎比它们的身体要长。蝙蝠的第一指非常短，从翅膀的前端伸出；第二掌骨沿着翅膀的前端延伸，构成了翅膀前缘；第三

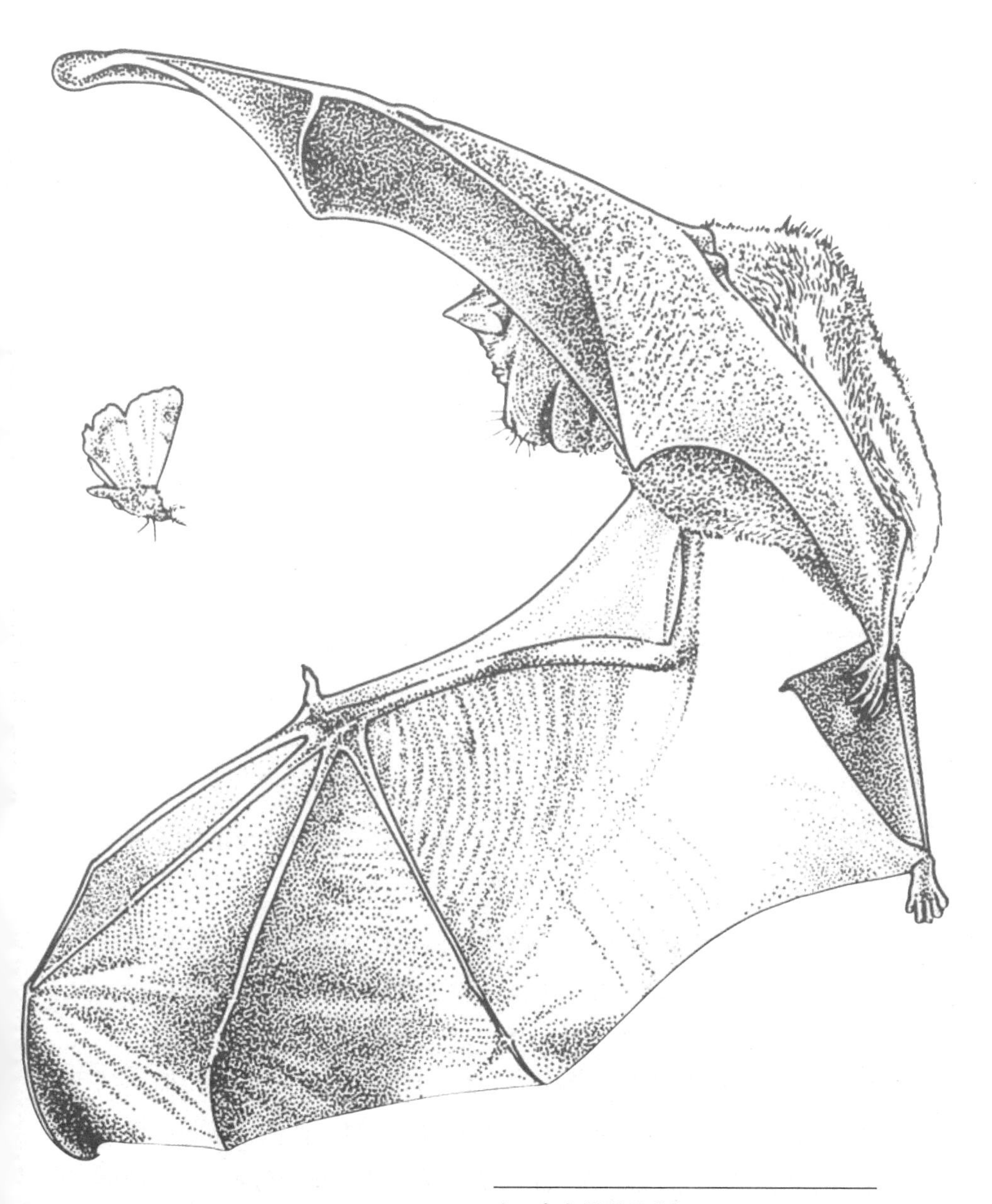

令人印象深刻的展翅

一只马铁菊头蝠张开翅膀，露出支撑它翅膀的所有骨骼。

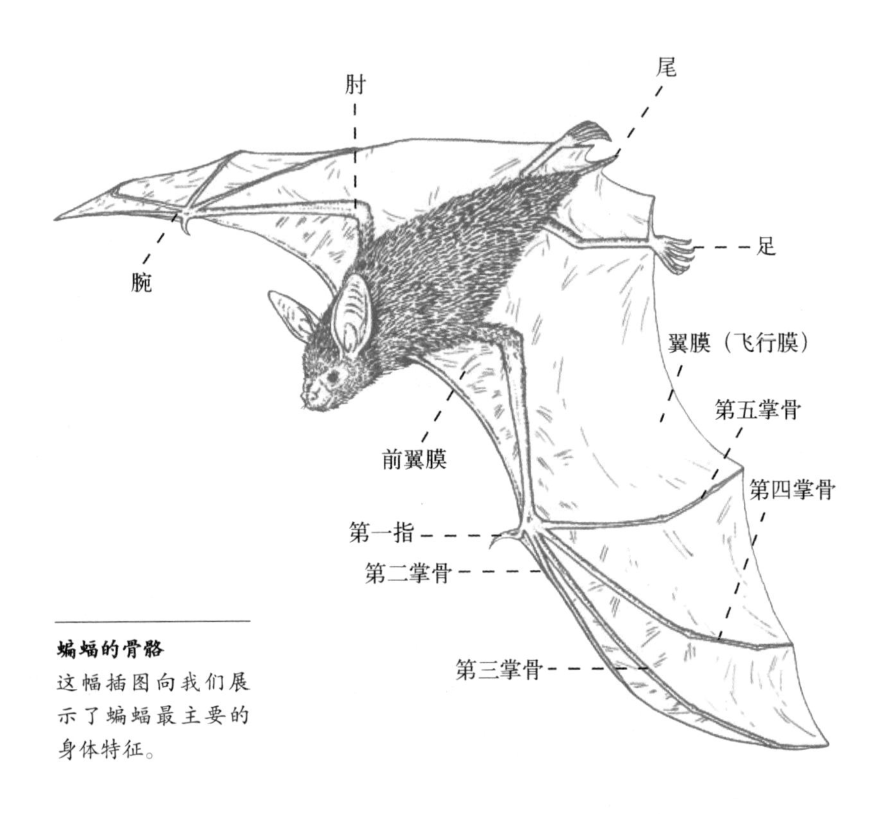

蝙蝠的骨骼
这幅插图向我们展示了蝙蝠最主要的身体特征。

掌骨一直延伸到翅膀的尖端；第四、第五掌骨则向后撑出翅膀的宽度，第五掌骨还控制着翅膀的弧度。

蝙蝠靠近身体的肱骨相对较短，但是它的桡骨非常长。腕与身体之间有一块前翼，它由一块特殊的肌肉保持紧绷。大部分用以控制翅膀运动的大块肌肉都离身体很近，使翅膀能更容易地来回摆动。蝙蝠的手部肌肉相对于人类被减少到9块，而人类有19块，肌肉的体积也大大减少。肌腱塑造了肌肉的长度，用来拉伸翅膀的肌肉也有长长的肌腱。蝙蝠是微工程学的奇迹，其翼膜看似脆弱，在遭受轻微损伤后可以自我修复，甚至断裂的掌骨由于可以得到翼膜的支持也能顺利愈合。

和鸟类一样，蝙蝠不同的翅膀形状是为了适应不同的飞行需求而进化得来的。飞得快的蝙蝠，如褐山蝠和犬吻蝠，翅膀又长又窄。褐山蝠每小时可以飞行50千米。飞得慢的蝙蝠，比如大耳蝠和菊头蝠，善于在植被间穿梭、盘旋，翅膀相对来说就短而宽。

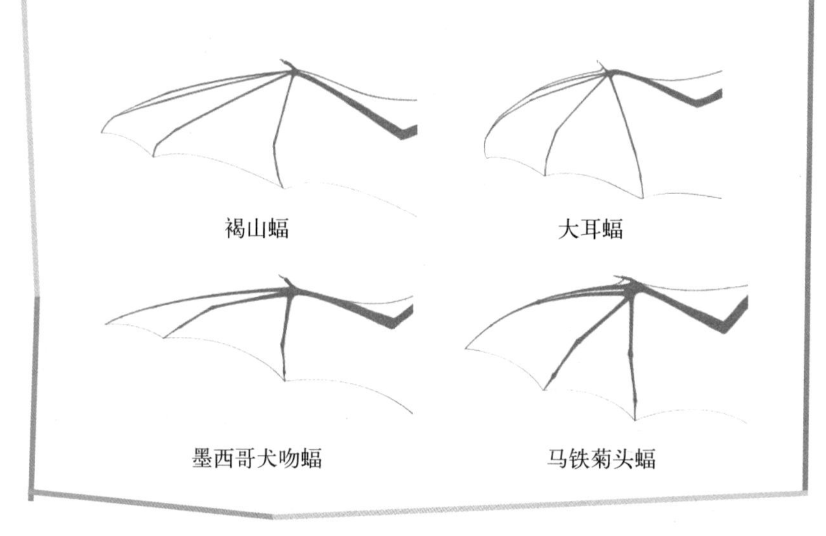

它们的飞行能力如何？

蝙蝠负责翅膀向上扇动的肌肉在翅膀的上部，而不像鸟类那样在翅膀的下部。蝙蝠翅膀的向上扇动并非由单一的主要肌肉控制，

蝙蝠翅膀上的肌肉和鸟类翅膀上的肌肉多有不同。鸟类依靠一块大肌肉为翅膀提供向下扇动的动力，而蝙蝠要用到四块肌肉。

而由数块肌肉共同负责，其作用相当于人类肩膀后侧的肌群。蝙蝠的胸骨不需要有巨大的龙骨突。根据已进行过的测量，蝙蝠翅膀的肌肉重量大约占总体重的12%，和许多小型鸟类差不多。

从某些方面来说，蝙蝠的翅膀比鸟类的翅膀更先进。蝙蝠的翅膀有更多骨头，如比鸟类多的掌骨可以移动，继而调整翅膀的形状；蝙蝠翅膀的皮肤里还有很多小块的肌肉，最终结果就是这样的翅膀具有更强的机动性。蝙蝠可以做出的各种盘旋和翻转动作是大多数鸟类做不到的。通常，蝙蝠都不太擅长直线飞行，飞行的速度几乎没有得到过精确的测量。已知的蝙蝠最快飞行速度能达到每小时65千米，大多数和蝙蝠大小差不多的鸟类也飞不了那么快。

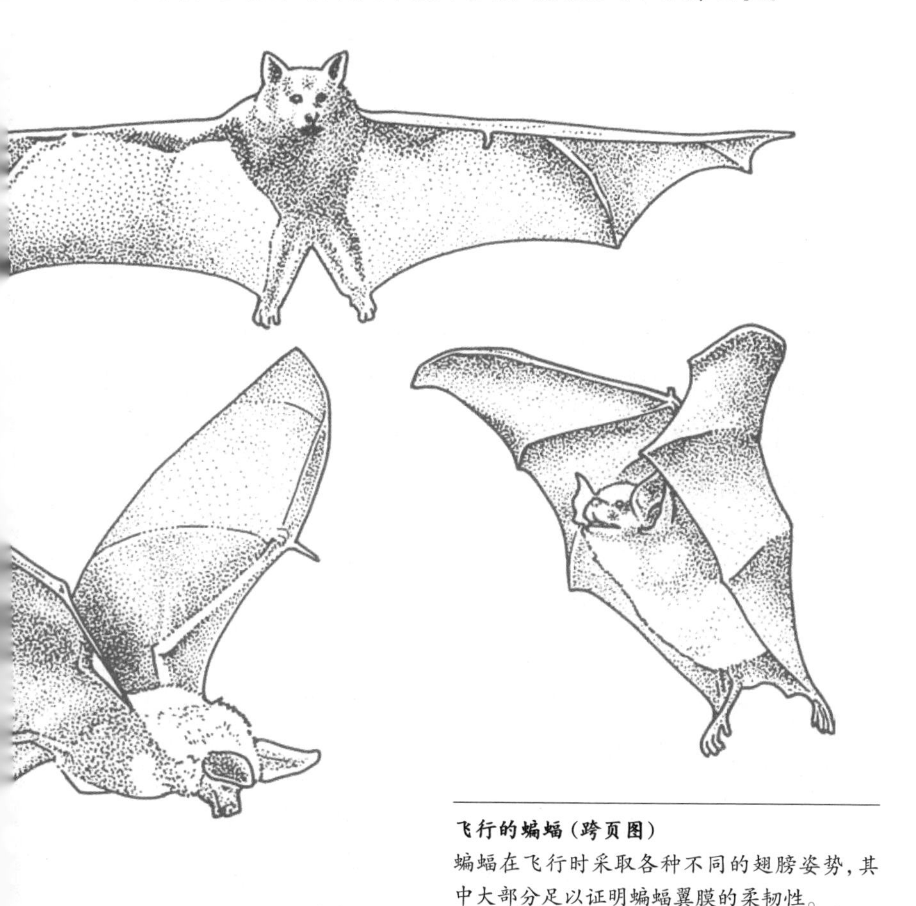

飞行的蝙蝠（跨页图）

蝙蝠在飞行时采取各种不同的翅膀姿势，其中大部分足以证明蝙蝠翼膜的柔韧性。

就体型而言，蝙蝠的心脏是一般陆生哺乳动物的两倍大，其血液具有很强的携氧能力。很显然，这些都是为了适应飞行的结果。蝙蝠的心率也很快。据测量，一只矛吻蝠休息的时候，心率是每分钟522次，它飞行的时候，心率会增加到每分钟822次；休息时，它呼吸的频率是每分钟180次，飞行时则提升至近3倍。

相较于体重，蝙蝠的翅膀面积比同重的一般鸟类的翅膀面积更加大，更大的翅膀使其有余力拉起自身的重量。有些动物飞行的时候会把孩子背在身上，有些动物飞行的时候会捕捉比自己还大的猎物。对它们来说，大翅膀更为有用。据记载，有一只赤蓬毛蝠被拍到着陆时身上背着它的四个孩子，它们加起来有母蝙蝠的两倍那么重。母蝙蝠落地后虽然再也飞不起来了，可是它却是带着这样沉重的负担从别处飞来的。

认路

蝙蝠发出的声音频率非常高，这些用于回声定位的声音超出了人类的正常听力范围。这样也好，不然，它们就和使用中的气钻一样响。有一些种类的蝙蝠用喉咙发出声音，然后通过口腔把声波发射出去，另一些种类的蝙蝠则通过鼻子把声波发射出去。蝙蝠脸上长着奇怪的皱褶、尖鼻、马蹄铁形的鼻叶、皮瓣，更别提它们各种各样的耳郭，似乎都是为了将声音引向特定的方向，从而高效地聚集声波。

大部分蝙蝠不瞎，它们在昏暗中也能看得很清楚。即使在完全黑暗的地方，蝙蝠也能利用听觉找路。为了做到这一点，蝙蝠先要自己发出声音，然后接收前方物体反射的回声。

蝙蝠似乎可以准确无误地利用回声定位导航。它们能够绕开树木、树枝和其他任何障碍，还可以通过回声分辨微小的昆虫，继而捕食。不同种类的蝙蝠所发声音的音调也不一样，发声模式也不同。一种常见的类型是按照有规律的时间间隔发出叫声，当感觉到潜在猎物的时候就增加频次以获得更多信息，然后蝙蝠就开始追踪目标。那些在树叶或地面上觅食的蝙蝠发出的声音比较小，可能是为了避免干扰的背景

收集回声

普通长耳蝠的耳朵非常大，其基部有刺突状耳屏。这样的耳朵有助于收集、分析回声。

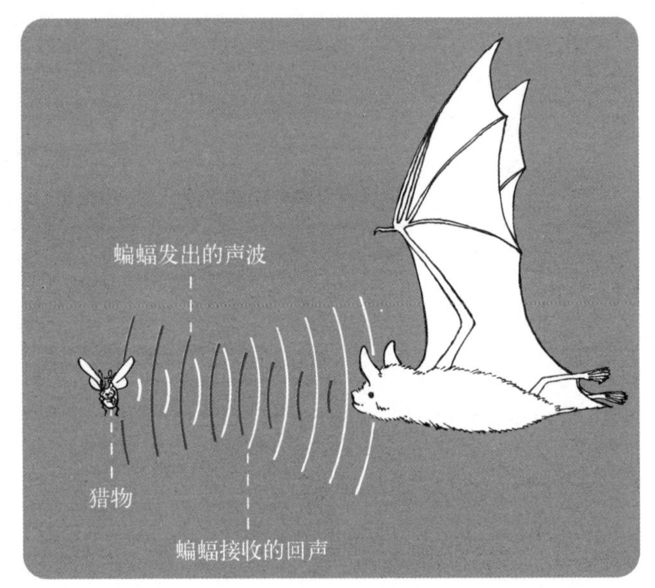

回声定位
蝙蝠发出的声音遇到障碍物会反射回来，它可以通过回声来判断微小猎物的位置。

鼠尾蝠
这种蝙蝠的脸长得也很奇怪，它有一个像猪一样的朝天鼻。蝙蝠们各种各样的脸型好像也和回声定位系统的细微差别有关。

噪声过于强烈。

大部分以回声定位的蝙蝠都属于小蝙蝠亚目。狐蝠通常靠眼睛寻找方向，不过栖息在山洞里的棕果蝠是个例外。它们采用的办法是不停地咂舌头，然后听回声在山洞里找路。狐蝠的回声定位系统远远不如食虫蝙蝠发达。

1794年，一个名叫斯帕兰札尼的意大利人声称：蝙蝠不靠眼睛也能完美飞行，但如果耳朵被堵住，它就没办法好好飞。这件事很难确证。直到1938年人们才达到实验条件，证明蝙蝠能发出人们听不见的声音，随后才有实验开始证明蝙蝠是怎样利用这些声音的。

蝙蝠和小虫

最早的蝙蝠就是以吃昆虫为生的，现代的很多蝙蝠仍然以昆虫为食。虽然人们看不见，但它们会在夜间吃下数不清的昆虫。人们把蝙蝠食谱中的许多昆虫视为害虫，如蚊蚋。

蝙蝠总在飞行中捕捉昆虫。蝙蝠能用嘴抓住大部分昆虫，有些时候蝙蝠也会用翅膀把想逃跑的昆虫挡回来，再送到嘴巴里。很多蝙蝠会用尾巴和尾膜构成一种特殊的袋状物，这个袋状物可以直

翅膀的用处（右图）
有时候蝙蝠会用翅膀把昆虫扒拉到嘴里，或者把它们放到尾部的“袋子”里。

吃零食（左图）
蝙蝠飞行的时候可以从它尾部的“袋子”里翻出食物，一边飞一边吃零食。

接从空气中捞取食物，也是嘴上咬着更大的猎物或咬下最好吃的一部分时暂时容纳食物的好地方。蝙蝠在飞行的时候，也可以从这个“袋子”里翻找食物。

有些蝙蝠以大型昆虫为食，如飞蛾和蟋蟀；另一些蝙蝠则捕食小得多的昆虫。昆虫飞行的时候嗡嗡作响，所以蝙蝠就能听到它们。如果昆虫太小而蝙蝠特有的回声定位系统探测不到它的话，蝙蝠就捉不到它们了。蝙蝠捕猎的昆虫数量相当惊人。人们发现，伏翼在返回栖所时吃掉的昆虫占其自身重量的25%。有时候，仅仅半个小时之内，伏翼就能捕到这么多昆虫。一只伏翼体重的1/4，相当于1 250只小飞虫的重量。照这样看来，一窝伏翼一个月要吃掉几百万只昆虫。

除了适应以不同大小的昆虫为食，蝙蝠还会用不同的办法、在

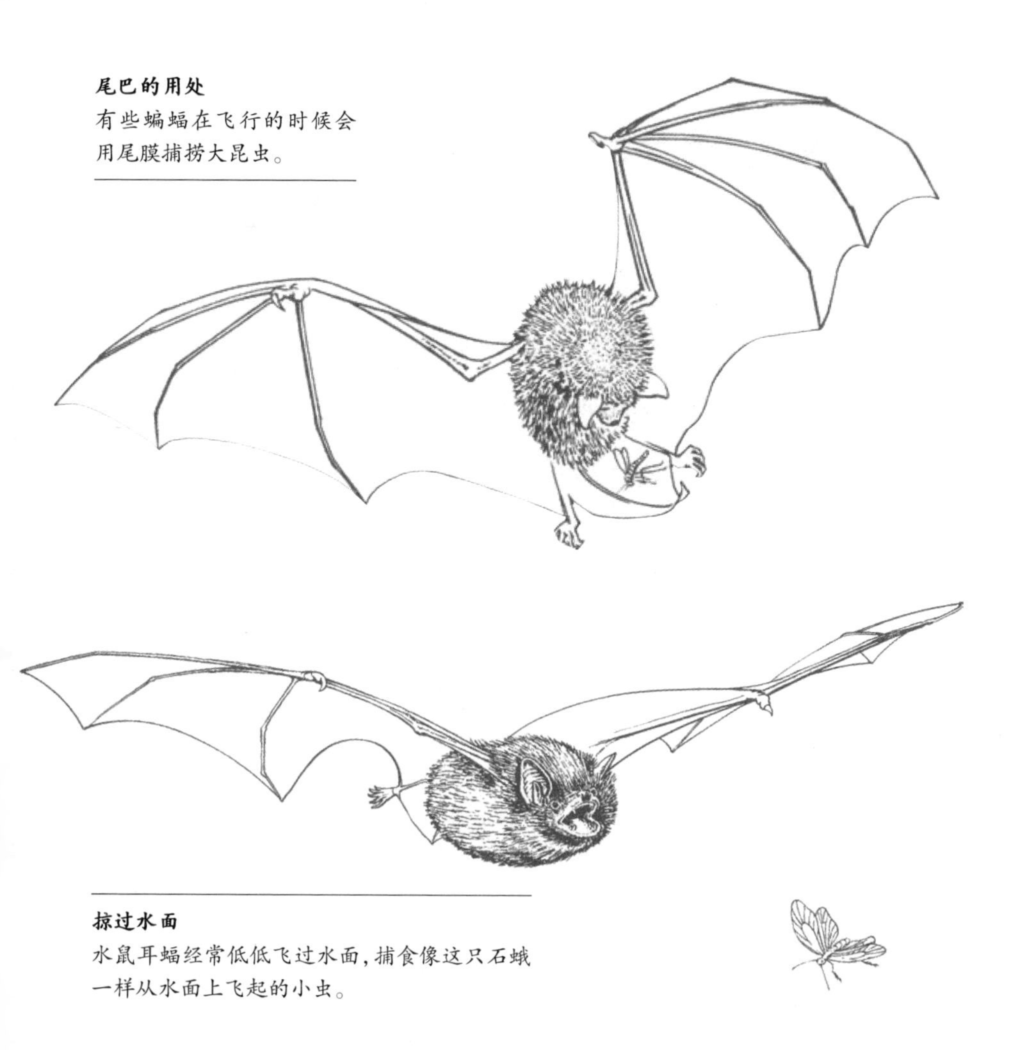

尾巴的用处
有些蝙蝠在飞行的时候会用尾膜捕捞大昆虫。

掠过水面
水鼠耳蝠经常低低飞过水面，捕食像这只石蛾一样从水面上飞起的小虫。

不同的地方捕食。欧洲一些种类的蝙蝠，如水鼠耳蝠，常常轻轻地拍动翅膀，在离水面很近的上空飞行，捕捉蜉蝣、蚊蚋和石蛾。伏翼飞得相当低，在飞行过程中还经常通过盘旋和翻转动作来捕捉猎物。褐山蝠飞得很高，飞行路径平直，它们捕捉如甲虫和飞蛾等大型昆虫。长耳蝠总是在植被周围缓慢飞行，常常一边盘旋，一边在树叶上寻找猎物。

大部分蝙蝠都有其固定的飞行路线和捕食区域。这些地区可能离它们的巢穴很近,可能只覆盖几百平方米的范围。另一些蝙蝠,如美国得克萨斯州的犬吻蝠会以每小时40千米以上的速度从栖息的洞穴里飞出来,去捕食飞蛾和甲虫。

食肉蝙蝠

旧世界的假吸血蝠科都是大型蝙蝠,而蝙蝠中体型最大的是澳

兔唇蝠
兔唇蝠通过回声定位探测贴近水面生活的鱼类、关注它们产生的涟漪,然后低飞,在水中拖动爪子。

大利亚假吸血蝠，其翼展达60厘米长，头和身体加起来共14厘米长。澳大利亚假吸血蝠会挂在树枝上等待猎物，继而从高处俯冲下来捕捉猎物。它以老鼠、小型有袋动物、鸟类、其他蝙蝠和爬行动物为食。亚洲和非洲的假吸血蝠还会吃一系列体型较大的猎物，有时它们甚至飞到人类的房屋里去抓墙上的蜥蜴吃。在美洲，叶口蝠科中体型较大的种类都是肉食性的，其中体型最大的是美洲假吸血蝠，其翼展达90厘米长。美洲假吸血蝠一般吃小型哺乳动物和鸟类：它追踪地上的动物，突然落到猎物的身上，用它那大大的牙齿咬住猎物的头。它有时候也吃一种翼展仅45厘米长的小型叶口蝠。

许多蝙蝠的食物中会包括一些脊椎动物。有的蝙蝠抓老鼠，有的抓青蛙，有的甚至抓其他蝙蝠吃，还有少数种类的蝙蝠专门吃鱼。

矛吻蝠

矛吻蝠通过对青蛙的叫声进行定位，以捕食猎物。

假吸血蝠

尽管被如此命名，可假吸血蝠不吸血。不过，它的确是一个凶猛的猎手。

矛吻蝠

吃青蛙的矛吻蝠鼻子前有矛状突出，是该种蝙蝠的典型特点。

有几种蝙蝠专擅捕鱼，如生活在中美洲和南美洲的兔唇蝠就捕食淡水鱼和海鱼。它有两条长长的后腿，两只又细又长的爪子

矛吻蝠亦属叶口蝠科，它能够根据青蛙的叫声来判断它是不是可以吃，是不是有毒。

伸入水中而不会对水面产生任何扰动，可准确攻击并抓住长达9厘米的鱼（如凤尾鱼）。兔唇蝠也有可将食物送至口中的尾袋。它的犬齿很大，上唇成袋状，有助于装入滑溜溜的鱼。其被毛短而油润，可以轻松防水。另外一种吃鱼类的蝙蝠——食鱼蝠，属于鼠耳蝠属，生活在墨西哥海岸。与兔唇蝠一样，食鱼蝠也通过在水中拖动爪子来捕鱼，但尾部的翼膜或许可作为"渔网"助其捕捞小鱼。

吸血的蝙蝠

吸血的蝙蝠确实存在，是来自中美洲和南美洲的小型蝙蝠。吸血的蝙蝠共三种，它们只吸食温血动物的血液。它们在夜间出动，攻击猎物，动作非常轻柔，以至于受害者很少醒来并注意到。

连头部和身体在内，吸血蝠最长也只有9厘米。它们的牙齿比其他种类的蝙蝠少，但是其尖牙和切牙很锋利。吸血蝠一般在飞行过程中寻找猎物，一旦找到目标，它就落到附近的地面，再用四肢爬行接近。吸血蝠先找到一块温暖的皮肤（其血管靠近表皮），然后迅速地咬开一个小口。吸血蝠舔食流出的血液的同时，会把自己的唾液滴进猎物皮肤上那个小伤口里。它的唾液中含有一种抗凝血剂，可以阻止猎物血液的凝固，所以血液会不断地流出。

一只吸血蝠的进食时间一般为15分钟，可能可以喝下相当于自身体重40%的血液。一只吸血蝠可能连续数夜回到同一只动物

吸血蝠的牙齿

这些牙齿可以刮去被毛，切出一个无痛的伤口。

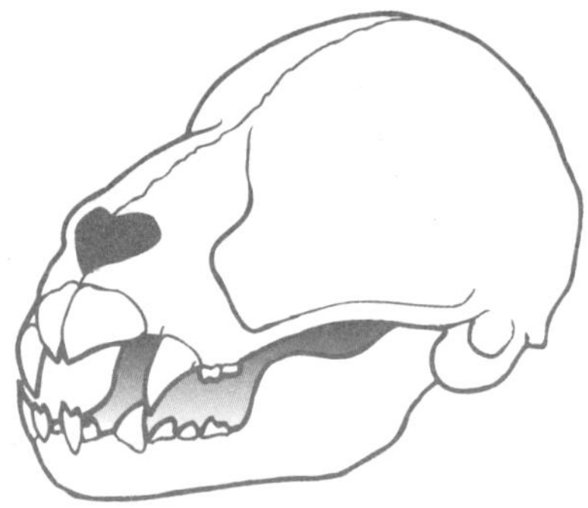

吸血蝠的颅骨

从这个头骨可见，吸血蝠的牙齿数量很少，但相对较大。

在陆地上

吸血蝠能够很好地用四肢行走，并以步行方式接近它们的受害者。

吸血蝠

这是吸血蝠的正脸。它是一种或可致命的小型哺乳动物。

身上吸食它的血液。一只吸血蝠造成的失血量并不会很大，但一群蝙蝠在同一只动物身上吸血就会导致致命失血量。来自吸血蝠真正的危险在于某些个体可能携带狂犬病毒，会传染给被咬的动物（和人类）。四百年前，当欧洲人开始向美洲殖民，他们带去了很多家养的哺乳动物。在很多地区，这些家养哺乳动物至今仍然是主要的大型哺乳动物，也是吸血蝠的主要目标，而人类倒是很少被它们咬。

血液很容易被消化，吸血蝠的消化系统相应的也比较简单。然而，吸血蝠的胃前部很大，胃可以被撑大以容纳巨量的食物。为了排出食物中多余的液体，吸血蝠每天都要排出很多尿液。

在三种吸血蝠中，有两种偏爱鸟类的血液，只有普通吸血蝠吸食哺乳动物的血液。吸血蝠不需要借助回声定位，但视力和嗅觉被认为对其相当重要。吸血蝠与大多数蝙蝠的另一个不同点在于吸血蝠在地面时很灵活。它们四肢发达，足与腕能将身体抬离地面。当然，它们也能够跳跃。

食果蝙蝠

大蝙蝠亚目都是体型较大的食果蝙蝠——狐蝠，人们有时会管它们叫“飞狐”。但除了大大的眼睛、长而光滑的吻部，狐蝠和狐狸没有任何共同之处。

狐蝠生活在非洲、亚洲和澳大利亚的热带地区，以及太平洋的一些岛屿上。虽然一些种类的体型很小，但狐蝠中有世界上体型最大的蝙蝠，其翼展可达1.7米，重达1.2千克。狐蝠都没有尾巴。狐蝠的颊齿平坦，口中有一条长脊纵穿上颚，舌头可与这条脊协作，挤压食物。

在美洲的热带地区，生活着大约30种食果蝙蝠，虽然其觅食方式和旧大陆的狐蝠相似，但是它们都属于小蝙蝠亚目的叶口蝠科。所有食果蝙蝠都生活在热带，因为只有热带才能一年四季地为它们提供其专食的水果。小蝙蝠亚目的食果蝙蝠在飞行时用眼睛识路，但仍以嗅觉来寻找成熟的可食用的水果。就算适应了以森林里的野生水果为食，它们有时候仍会受到种植园水果的诱惑，而成为人类眼中的害虫。

食果蝙蝠或挂在其觅食的树上进食，或带着食物去其他地方吃，有些食果蝙蝠甚至边盘旋边就着挂在树上的果子吃。它们进食时会把食物彻底地嚼碎或压碎，只吞下柔软的果肉而吐出水果的核和种子。正因如此，食果蝙蝠对森林中果树的传种起到了重要的作用。食果蝙蝠吞进肚子里的食物含有大量的糖分和一些纤维。糖分是很容易消化的，因此，它们的消化系统非常短、非常简单，食物也消化得很快。

一般来说，食果蝙蝠都是强壮的飞行动物。它们要有长途飞行的能力以寻找成熟的水果，并尽可能在一年中充分利用不同的水果。很多种类的食果蝙蝠都有其特殊的栖息地，往往是高大的树木，它们可能会在同一棵树上栖息好几年。有些情况下，可能会有超过十万只蝙蝠在同一个地方栖息。通常情况下，它们栖息的地方离食

会飞的狐狸
大眼睛、长鼻子是狐蝠的典型特征。

一个栖息的群落

狐蝠往往大群地栖息在一处。

物比较远，它们每天都要从栖息地飞过一段距离去觅食区觅食。食果蝙蝠每胎只生一个孩子，母蝙蝠只在小蝙蝠出生的头几个星期带着它。

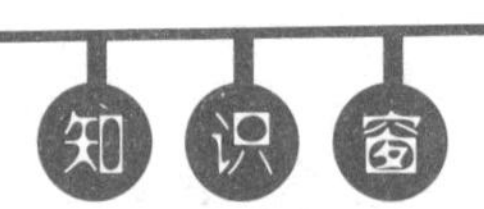

狐蝠栖息时，会将翅膀像斗篷一样把身体包住。它们把头保持在水平位置，而不像小蝙蝠亚目那样让脑袋顺应重力地垂着。

食花蝙蝠

> 有些蝙蝠以花为食，花蜜为它们提供了容易消化的糖分与花粉的溶液——花蜜，其中含有丰富的蛋白质和矿物质。

如果蝙蝠拥有一条可伸出的长舌，可以一直伸到花朵的深处，那么获取花蜜的问题便迎刃而解。在一些以花为食的蝙蝠中，舌头的长度可以达到身长的1/4。它们的舌尖通常有长长的乳突，使舌尖像刷子一样，利于蝙蝠舔食花粉。

以花为食的蝙蝠生活在温暖的地区，或属于大蝙蝠亚目，或属于美洲的叶口蝠科。多数食花蝙蝠体型都很小，但它们或许是这个星球上最重要的哺乳动物之一。如果没有食花蝙蝠，很多植物可能会灭绝。通过舔食花粉，蝙蝠会为那些夜里开花的植物授粉。许多花长得像个深深的喇叭，而且大多数这样的花都会长一个里面有很多花粉的花

长舌蝠
这种蝙蝠有一条巨大的舌头，能伸入花朵的深处。

粉囊。尽管蝙蝠会吃掉很多花粉，可它在吃花粉的时候，身上会沾上花粉颗粒。当它们飞到另一朵花上进食的时候，就把前一朵花的花粉转移到这朵花上。例如，香蕉的花蜜从黄昏流到午夜才停止而西番莲的花从午夜至黎明产有花蜜，都是为了吸引蝙蝠。吸引蝙蝠的花儿可能是白色或黄色等比较浅的颜色，依靠气味吸引蝙蝠。为了让食花蝙蝠更容易接近它们，这些花朵会开在远离树叶和荆棘的地方，或者开在树干上。

有些蝙蝠吃花粉时可以在空中盘旋；还有一些蝙蝠则在飞过花

墨西哥长舌蝠

这种哺乳动物以仙人掌花朵里的花蜜为食。

朵时，迅速地舔一下。墨西哥长舌蝠总是以二十多只为一群结队飞行。一群蝙蝠中，如果有一只找到了花丛，它们就轮流舔食花蜜。当这个花丛的花蜜变少后，它们就去寻找下一个食物源。蝙蝠会给龙舌兰授粉，而龙舌兰是酿造龙舌兰酒的原料；它们还会给那些巨柱仙人掌授粉，这种仙人掌也为多样的生物群落提供了支持。

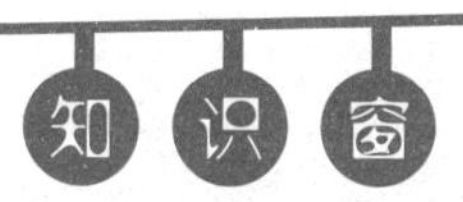

作为授粉者，蝙蝠到底有多重要？在美洲，人们已经确认蝙蝠为超过500种植物授粉，而实际情况可能比这个数字还要多得多。在旧大陆，蝙蝠也是重要的授粉者。

第6章 迁徙

为什么要迁徙

有些动物迁徙是为了避免栖息地冬季的食物短缺。它们在秋天从高纬度地区往热带地区迁移，到来年春天再迁回去。

对大多数鸟类而言，迫使它们迁徙的最主要因素可能不是寒冷，而是缺乏食物供应。在冬天的时候，可能没有足够的昆虫填饱一只食虫鸟的肚子，因此，它们必须迁移到别的地方以寻找食物。既然如此，它们为什么不一直待在热带地区呢？那里一年四季都有充足的食物。然而，夏天飞回到凉爽的气候中也有很多优势：

知识窗

科学家在鹡鸰从南往北纵穿撒哈拉大沙漠2 000千米的之前和之后都对其进行了称重。它们在飞行中减少了9克，失去的重量主要是飞行过程中消耗的脂肪。

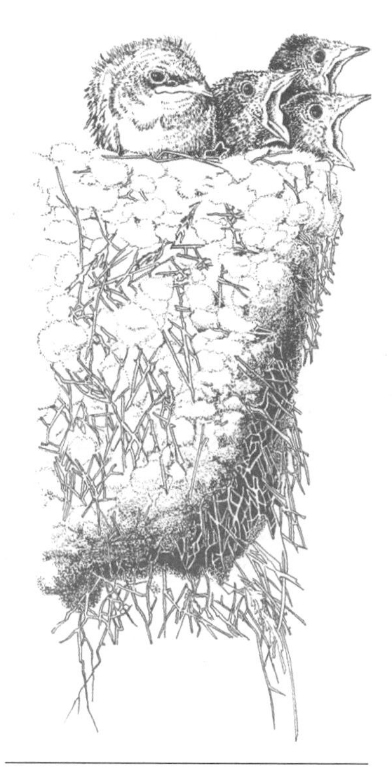

燕子的巢
不久以后，这些小燕子就要开始飞往非洲的长途旅行。它们要自行找到飞往非洲的道路。

重返家园
燕子在迁到阿根廷后，可能仍会回到它在阿拉斯加原来的巢里去。

它们能够充分地利用那里丰富的季节性昆虫；在更长的日间，它们可以捕食更多的虫子；凉爽的夏天也是繁殖的好时机。

欧洲和亚洲北部约有2/5的鸟类会迁徙。据统计，每年可能有50亿只鸟南下迁徙，只有相当少的一部分可能会返回原来的栖息地。鸟类是迁徙数量最多、迁徙距离最远的动物，但也有其他的飞行动物会迁徙，包括一小部分昆虫和某些种类的蝙蝠。不过，没有任何动物能像迁徙得最多的鸟类一样如此跋涉。

迁徙的典型特征：只要活着，就必有归途。迁徙与某些动物的游牧性游荡不同，也不同于因某些偶然因素而大规模地迁移（即某一动物种群的繁殖数量远大于往年而被迫扩散）。像太平鸟和星鸦等鸟类会在风调雨顺的年份从北方针叶林中大规模迁出，但是它们并不会定期返回。

迁徙可以让动物去往食物丰富的地方，但是迁徙本身也要消耗大量的能量。恶劣的天气、在途中就被饿死的可能性、陌生的地域中伺机而动的掠食者，都让迁徙险象环生。有些鸟类在迁徙前要增加很多脂肪，最多可以达到它们体重的一半。然而，除非鸟儿在途中能够找到食物充足的地方补给能量，它们到达目的地的时候仍有可能濒临饿死。

旅行家

在一个较好的繁殖年，太平鸟可能会迁徙到超出往年的范围。

回家

一只燕子不可能记住飞往南美洲的路程中必经的所有路标，也不可能在来年春天恰好回到前一年栖息的那个鸟巢。第一次迁徙的动物更不可能什么中途细节都记得住。有关动物迁徙的真相还有待人们去发现，但已知的信息已经展现出了迁徙动物不同寻常的能力。

要顺利迁徙，鸟类和其他迁徙动物需要有导航能力。本地的鸟类甚至能够记住路标。

在晴朗的时候，一只归巢鸽会立即转向巢的方向，并向那儿飞；而在阴天，鸽子的即时反应不会那么果断精确，但通常也能找到回家的路。看来，鸽子能够利用太阳作为指南针来判断自己的位置。当然，由于太阳每天都东升西落，鸽子还需要能够分辨时刻。鸽子正是拥有能分辨时刻的生物钟，其他为人类测试过的鸟类也有类似的能力。

归巢的鸽子

鸽子能准确找到回家的路，这种能力使它被人类用来传送信息。

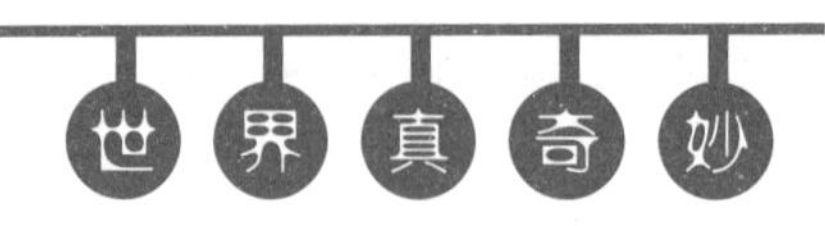

把正在迁徙中的鸟类放到天文馆里，改变星图室中的“天空”，就会使鸟类朝向星星所指的方向，而不是其迁徙的真正方向。

白天迁徙的鸟类可以利用太阳作为方向信号；而许多种在晚上迁徙的鸟类，虽无法利用太阳，但它们会利用天空中的星座来导航。

在多云的天气，鸟类对自己的导航没有把握，但是它们仍然有

油鸱

油鸱（右图）发出的超音速叫声可协助其在漆黑的洞穴中找到自己的巢穴。油鸱的叫声可以被录下，并在示波器上以图像（下图）显现。

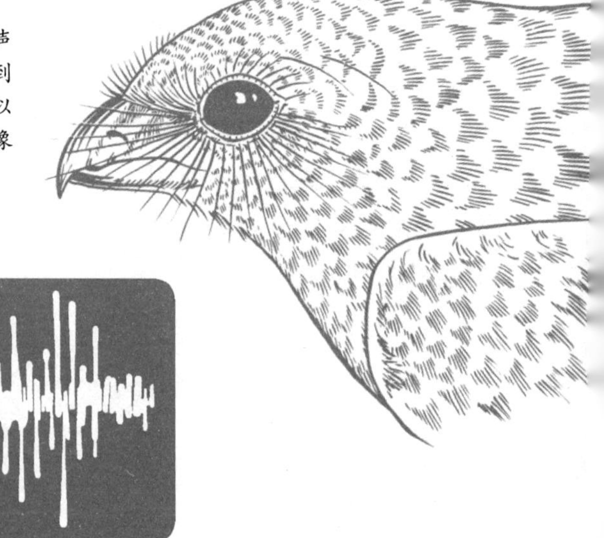

导航
一些迹象表明：蝙蝠可能利用磁力作为一种导航手段。

能够利用的线索。有些鸟能感知到不受云层阻碍的偏振光和紫外线辐射。若头部附有微小的磁铁，一些鸟类的方向感会被扰乱。因此，人们猜测它们通常也利用地球磁场中的线索来判断方向。有些鸟类可能利用人类听不到的频率很低的声音以获得导航线索。这些低频的声音是风吹过山脉或者岛屿时产生的，能够传播数千千米。

个别鸟类能够调动多种感官进行导航。它们的这些能力都是天生的，不需要习得。人们对蝙蝠和昆虫如何进行超远距离导航仍知之甚少，但有迹象表明：蝙蝠可能对磁力敏感，某些蝴蝶利用太阳导航。

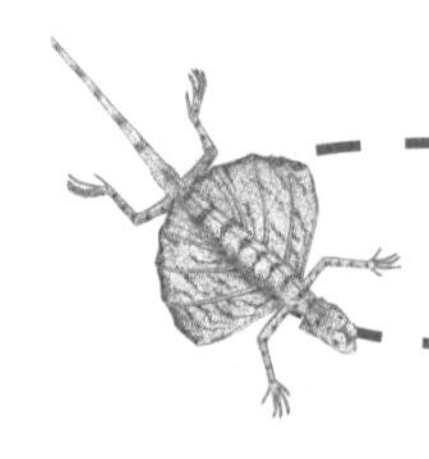

昆虫的迁徙

> 大部分昆虫不进行真正意义上的迁徙。昆虫个体不随季节迁徙，继而返回原来的生活地区。昆虫的“迁徙”更多是个体的单程旅行。

蝗虫是一种特殊的蚱蜢，个体通常独自生活。然而，在雨后生存条件异常有利的时候，雌蝗虫会产下很多卵。虫卵成功孵化后，种群密度大增。幼小的蝗虫不能飞，它们在陆地上爬行并觅食。幼虫的颜色比它们独居的父母鲜艳得多，行为模式也不同。蝗虫幼虫群居在一起，个体间会紧紧挨着。

这支行进中的蝗虫大军最终都会长出翅膀，大量地飞向天空。虽然一只蝗虫的食量不大，但其动辄数十亿只的庞大种群数量仍具有破坏性的生态影响。1957年，非洲一个较大的蝗虫群吃掉了足够养活一百万人一整年的农作物！最终，蝗虫群到达一个环境不适宜的地方，就会被饿死。它们不会回到出生的地方。

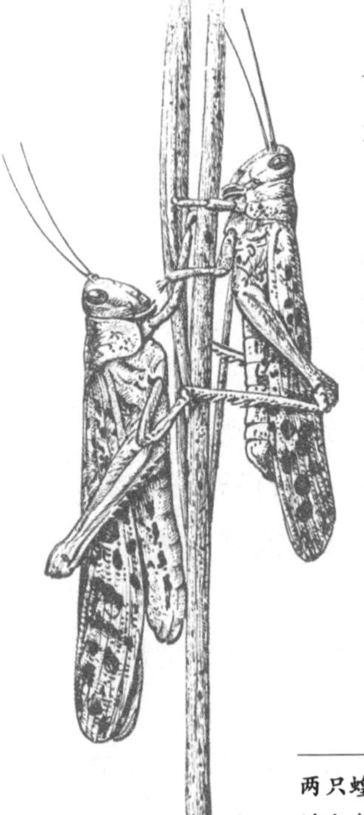

两只蝗虫

蝗虫成虫的翅膀上有大量深色斑点。

两个阶段

比起“正常的”、独居期的蝗虫，群居期的蝗虫身上有更加鲜艳的颜色和图案。

群居期的幼虫

群居期的成虫

独居期的幼虫

独居期的成虫

蝗虫

蝗虫的飞行能力很强。但是成群寻找可供觅食的农作物时，仍会受风的摆布。

蝴蝶树

冬天，墨西哥会有数以千计的君主斑蝶聚集在一处。

许多蝴蝶也进行这样的单程旅行。优红蛱蝶是英国一种常见的蝴蝶，但很少有个体能活过英国的冬天。每年夏天，从欧洲大陆飞过来的蝴蝶就会补足种群数量。优红蛱蝶每年初在欧洲南部繁殖，连续几个世代往北飞，直到有一批蝴蝶飞到英国。小红蛱蝶是另一种每年迁徙到欧洲北部的蝴蝶，有些甚至来自非洲北部。通常，我们无法知道个体能飞多远，但在小红蛱蝶仅三周的成年生活中，它可以从出发地飞到300千米远的地方。

在非洲，有一些种类的蝴蝶随着季节的变化来回地迁徙。迁徙的蝴蝶中，最有名的要数北美洲的君主斑蝶。这种蝴蝶在秋天往南飞，在美国南部和墨西哥北部冬眠。到了下一年春天，它们开始往北飞，并繁殖下一代。

君主斑蝶的飞行能力很强，在迁徙过程中可以飞行3 000千米。被科学家标记的君主斑蝶平均每天飞行129千米。

蝙蝠的迁徙

面对寒冷的冬天，没有昆虫以作食物，蝙蝠一般会采取与鸟类完全不同的生存策略：冬眠。蝙蝠会找一个隐蔽的地方，在冬天的大部分时间里都蛰伏在那里冬眠。尽管在适宜的天气下它们有时会进行短暂的活动，可体温和身体机能都会降低许多。英国的蝙蝠多于靠近其夏季栖息地的地方冬眠，生活于严冬地区的蝙蝠可能会迁徙。褐山蝠的飞行能力很强，它们每年秋天都会从俄罗斯向南飞500千米或更远。

虽然蝙蝠在长距离迁徙的能力上不足以与鸟类相媲美，但已知有许多种蝙蝠会随季节变化在不同地区迁徙。迁徙所涉及的地区通常包括那些对冬眠来说很重要的地方。一些蝙蝠还会前往特殊的育儿地点哺育后代。

在北美洲，数量众多的赤蓬毛蝠和灰蓬毛蝠到秋天就会离开加拿大和美国北部，飞行数百千米到美国南部过冬，然后在第二年春天返回它们原来的家园。

小棕蝠的越冬方式与众不同。适宜冬眠的山洞会吸引来自各地的蝙蝠前去。到冬天，美国佛蒙特州埃俄罗斯山的一处山洞里会聚集30万只小棕蝠。根据科学家系在蝙蝠脚上的脚环显示，这些蝙蝠

褐山蝠的迁徙路线

这些被科学家标记过的蝙蝠所迁徙的距离十分惊人。

在夏天会分散到离山洞最远达274千米的区域。肯塔基州的山洞给印第安纳鼠耳蝠提供了隐蔽的冬眠之处。这种蝙蝠以所在地命名，在春天向北飞行超过483千米回到印第安纳州。在荷兰和丹麦，石灰岩洞穴和采石场竖井为蝙蝠提供了良好的冬眠场所。它们吸引了80千米以外甚至更远处的蝙蝠前来冬眠。

有些食果蝙蝠也随季节迁徙，但是这种习性与天气是否寒冷关系不大，而与水果的供应情况或者雨季和旱季的交替变化有关。例如，在西非的象牙海岸，当热带稀树大草原的雨季来临、食物逐渐丰沛之时，小领果蝠就从森林地区向北迁去，然后在这一年的晚些时候再飞回到森林地区。

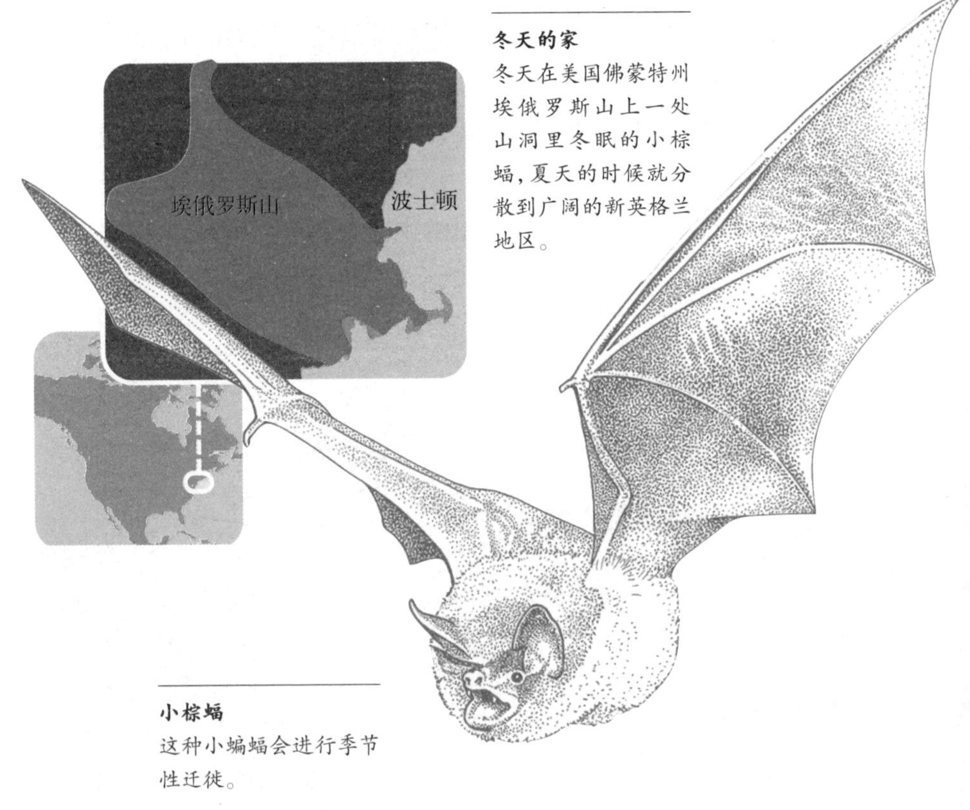

冬天的家
冬天在美国佛蒙特州埃俄罗斯山上一处山洞里冬眠的小棕蝠，夏天的时候就分散到广阔的新英格兰地区。

小棕蝠
这种小蝙蝠会进行季节性迁徙。

伏翼是人们意料之外的一种迁徙蝙蝠，这种小蝙蝠并不以飞行能力著称。人们给伏翼做了标记，发现它们竟然能从俄罗斯飞到保加利亚、土耳其甚至希腊。有些伏翼单程就能飞1 600千米。

鸟类的迁徙

对鸟类种群的研究，加上为鸟类个体配带脚环，使得科学家们能够追踪鸟类的迁徙路线。有些路线与人们所期待的相符：海鸟在海上而非陆地上空迁徙，陆栖鸟则尽量减少飞越海洋上空的次数。在北美洲，许多主要地理特征都是南北走向，许多迁徙的鸟类往往会沿着这些地理特征飞行。在落基山脉以西有一条太平洋航道，为涉禽与许多陆栖鸟所有；密西西比河则为鸫科、拟黄鹂属、雀形目和涉禽类的鸟提供了另一条主要路线。

在世界上许多地方，候鸟的种类都比留鸟的种类多得多。在北美洲，从蜂雀到稀有的美洲鹤，大大小小的鸟类都向南迁徙以避开冬季。然而，曾经约30亿只鸟组成的旅鸽群迁徙时能遮天蔽日，如今却不再发生——它们在1900年前就被猎杀到灭绝了。

从欧洲迁徙到非洲的鸟类或

飞向非洲
鹳每年从欧洲北部经直布罗陀海峡或者中东地区飞往非洲。

选择飞越直布罗陀海峡，或绕过地中海的最东端，而不必飞越最宽的距离。白鹳经过地中海周边的路线取决于它生活在欧洲的哪个地方。

见于当今鸟类身上的迁徙习性或起源于上一个冰期末。随着冰川消融，鸟类得以扩大其夏季的觅食范围，但在北方进入冬季时仍会回到安全、温暖的地区。渐渐地，夏季觅食区变得越来越远。一些鸟类在新的夏季觅食区的正南方选定了过冬的栖息地。例如，燕子多半起源于非洲，但北半球在夏天到处可见燕子的身影。如今，北美洲的家燕，已经迁徙到了南美洲。

有些鸟类已经扩张出了一个巨大的夏季觅食区，但仍然会在冬季进行非凡的迁徙之旅，回到其原产地。在阿拉斯加哺育的穗鹏会穿越整个亚洲回到非洲过冬；来自格陵兰岛和加拿大东部的穗鹏在迁往非洲时，与欧洲的种群一起飞往非洲。穗鹏从北美洲两侧迁徙的路线几乎可以印证它们一开始是如何在这块大陆上定居的。阿拉斯加的柳莺也要迁徙很远的路程才能抵达非洲。

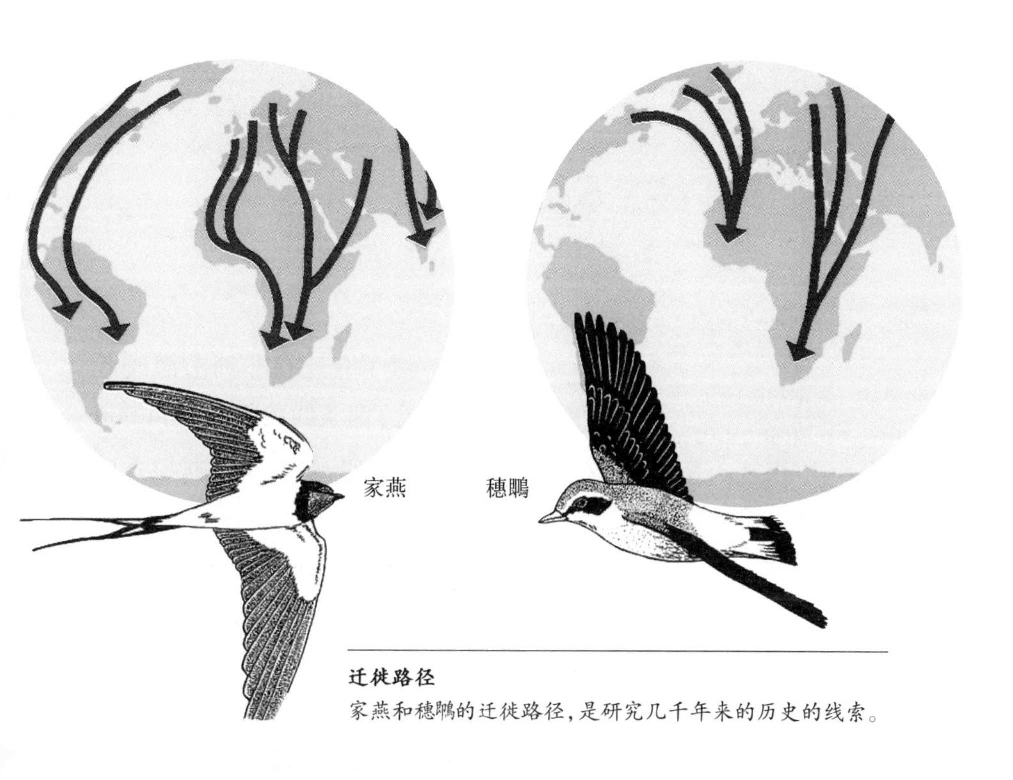

迁徙路径

家燕和穗鵰的迁徙路径，是研究几千年来的历史的线索。

某些鸟类，在身处其夏季觅食区的部分地区迁徙，在另一部分时则不迁徙。在北美洲，许多种类的反舌鸟都会迁徙，但仍有一部分会留在冬季的北方。

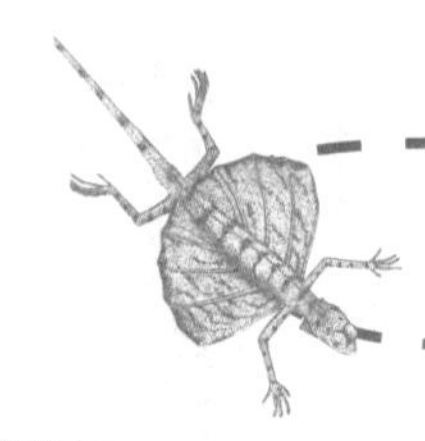

最了不起的旅程

许多从欧洲迁徙的小鸟在旅程结束时共飞行9 000千米。只要活着，它们一生就会重复这一旅程两次。

燕子会迁往非洲南部或者阿根廷，两条线路都要飞11 000千米。然而，这并不是候鸟飞过的最远的距离。

北极燕鸥在北半球的极圈附近繁殖。当北半球进入冬季，它们就迁徙到地球的另一边，去往南极洲的边缘。一只北极燕鸥可以在日照下度过一生而无需黑夜。它们一年中迁徙的总路程可以达到35 400千米，这是公认最长的迁徙路程。穗鹏从非洲返回阿拉斯加，也要飞差不多这么远的路程。北极燕鸥在迁徙过程中要飞过海

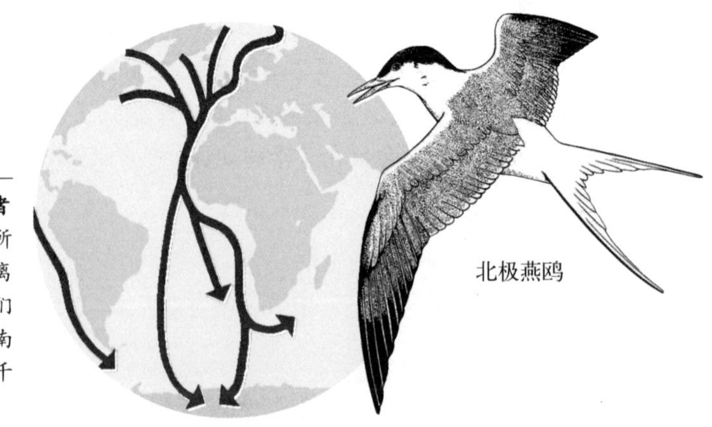

环游世界的旅行者 北极燕鸥或许是所有候鸟中迁徙距离最长的。每年它们都从北极飞到南极，要飞35 000千米远。

红玉喉北蜂鸟

洋上空，穗䳭主要从陆地上空飞过，所以穗䳭更为如鱼如水。有些鸟类迁徙的时候甚至还要穿越敌对地区。

生活在阿拉斯加的金鸻要迁徙到夏威夷，得飞越3 000千米的海域，中途连一个歇脚休息的机会都没有。新西兰杜鹃要飞越1 600千米甚至更广的海面才能抵达太平洋的热带岛屿。生活在格陵兰岛的某些穗䳭，每年从格陵兰岛直接渡海至西班牙，再去往非洲，而不是飞越冰岛到英国后再向南。这意味着它们要飞越3 000千米的海域。除非有顺风帮助鸟儿前进，不然，它们得不间断地连飞三天。在这3 000千米的路程中，逆风导致的减速对它们来说可能是致命的。美国的白颊林莺直接从美国东部穿越加勒比海飞到南美洲，这段路程总共有大约4 000千米。据了解，在飞行的过程中，为了更好地利用顺风，白颊林莺会经常改变飞行高度。

即使是体型很小的蜂鸟在迁徙中也有使人类惊异的壮举。红玉喉北蜂鸟从美国迁徙到墨西哥尤卡坦半岛，单程就要飞越800千米的海域。

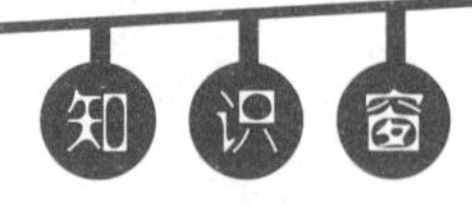

候鸟总是飞得既高又远。迁徙中的小鸟可能在海拔6 000米甚至更高处飞行。有些时候，它们要飞越山脉，一般都会选择容易通过的山口。有些鸟甚至会翻越山峰。斑头雁在从印度迁徙到中亚地区主要的繁殖地点时，要飞越喜马拉雅山脉，有时候甚至飞得比珠穆朗玛峰还高。

斑头雁